U0233764

[德] 扎比内·霍森菲尔德——著

Sabine Hossenfelder

柏江竹——译

存在主义物理学 EXISTENTIAL PHYSICS

中信出版集团 | 北京

图书在版编目（CIP）数据

存在主义物理学 /（德）扎比内·霍森菲尔德著；
柏江竹译 . -- 北京：中信出版社，2023.6
书名原文：Existential Physics：A Scientist's
Guide to Life's Biggest Questions
ISBN 978–7–5217–5576–3

I. ①存… II. ①扎… ②柏… III. ①物理学－普及
读物 IV. ① O4–49

中国国家版本馆 CIP 数据核字（2023）第 063046 号

存在主义物理学

著者： ［德］扎比内·霍森菲尔德
译者： 柏江竹
出版发行：中信出版集团股份有限公司
（北京市朝阳区东三环北路 27 号嘉铭中心　邮编　100020）
承印者： 宝蕾元仁浩（天津）印刷有限公司

开本：880mm×1230mm 1/32　印张：9.25　　字数：210 千字
版次：2023 年 6 月第 1 版　印次：2023 年 6 月第 1 次印刷
京权图字：01–2023–2205　　书号：ISBN 978–7–5217–5576–3
定价：69.00 元

致斯特凡

把握宇宙的真实面貌要比执迷于妄想好得多，无论妄想是多么令人满足和安心。

——卡尔·萨根[1]

目 录

前　言

　　"请问……"一个年轻人得知我是物理学家之后，害羞地问道，"我可以问您几个有关量子力学的问题吗？"我以为他要跟我探讨一些关于测量假设或是多体纠缠的难题，但是他接下来的一番话让我手足无措："一位萨满巫师告诉我，虽然我的祖母已经不在人世了，但是由于量子力学的缘故，她现在还活着，就在这里。这个说法正确吗？"

　　如你所见，我直到现在还在考虑这个问题。简单来说，这句话并不完全是错的，更加详细的回答将会在第 1 章中给出。但在我开始讨论有关已故祖母的量子力学之前，我想先告诉你我为什么要写这本书。

　　在过去十多年与公众打交道的经历当中，我注意到一个现象：物理学家虽然非常擅长回答问题，却非常不擅长解释为什么人们应该关注他们的回答。在某些领域中，一项研究的目的最终会体现在一件可在市场上销售的产品上。但是在物理学的基础研究（也就是我的大部分研究所属的领域）当中，主要的产品就是知识本身。我和我的同事们往往会以一种非常抽象的方式来呈现研究成果，抽象到没有人能明白我们一开始为什么要探寻这样的知识。

这并不是物理学所独有的现象。专家与非专业人士之间普遍存在脱节，社会学家史蒂夫·富勒（Steve Fuller）认为，学者通常会使用佶屈聱牙的术语来表述自己的见解，以使其显得独到，因而更有价值。美国记者、普利策奖得主纪思道（Nicholas Kristof）也曾抱怨，学者将自己的洞见编码成"索然无味的散文"[2]，并且"为了进一步防止公共阅读，这些官样文章有时会隐藏在晦涩难懂的学术期刊上"。

举个例子：人们并不太关心量子力学是否可以预测，他们只想知道自己的行为能否预测；人们不太关心黑洞是否会破坏信息，他们只想知道人类文明所收集的信息会发生什么变化；他们不太关心星系间的丝状结构与神经元网络是否相似；他们只想知道宇宙本身是否具有思维。一个普通人怎么会思考那么虚无缥缈的事情呢？

当然，我对后面这些具体的问题也一样很感兴趣。但是在学术生涯当中，我学会了避免提出这样的问题，当然更不会尝试解答它们。毕竟我只是一个物理学家，谈论意识和人类行为之类的东西已经超出了我的能力范畴。

然而，这个年轻人的提问让我意识到，物理学家确实知道一些事情。即使不了解意识本身，我们也了解宇宙中包括你、我以及你的祖母在内的一切事物都必须遵守的物理定律。并非所有关于生死和人类存在起源的观点都符合物理学基础，我们不应该把这些知识用令人费解的修辞包装起来，藏在晦涩难懂的学术期刊里。

这不仅仅是因为这些知识值得分享，而且是因为一味地秘而不宣必将招致恶果。如果物理学家不能主动地站在物理学的角度解释人类境况，就会有别的人趁虚而入，宣扬他们那套神秘主义的说辞，令伪科学大行其道。量子纠缠和真空能量成为各类神棍、灵媒和江湖郎中的最爱，并不是没有原因的。除非你拥有物理学博士学位，否则很难将我们的"官样文章"与那些胡言乱语区分开来。

不过我的目的不仅仅是揭露伪科学的真面目。我还想表达的是，某些玄学的观念实际上与现代物理学完全相容，甚至其中有一些确实有相应的理论支撑。物理学能够解释我们和宇宙之间的联系，这有什么奇怪的呢？科学和宗教本就同根同源，而时至今日，它们所要解决的问题当中仍有一些共同之处：我们从哪里来？我们要到哪里去？我们的所知能有多少？

关于这些问题，物理学家在过去这个世纪里收获颇丰，他们所取得的诸多进展清楚地表明，科学的边界并不是固定的：随着我们对世界的了解越来越深刻，这一边界也会发生变化。相应地，一些基于信念的解释曾经有助于打消我们的疑虑，但用现在的眼光来看，它们明显是错的。例如，200 年前有很多人认为，某些物体之所以有生命是因为它们被赋予了某种特殊物质，法国哲学家亨利·柏格森（Henri Bergson）就为此提出了所谓"生命冲动"（élan vital）的概念。此类说法与当时已知的科学事实完全相容，但是现在我们知道，这只不过是无稽之谈。

在如今的物理学基础研究当中，我们处理的是最基本的自然规律。近百年来，我们在这一层面获取的知识也在不断地取代着那些陈旧的、基于信念的解释。人们一度认为，光凭粒子的相互作用不足以产生意识，还需要某种具有魔力的仙尘赋予我们一些特殊的属性。这与生命冲动一样，只是过时且无用的概念，无法解答任何疑问。我会在第 4 章探讨这一观点，并且在第 6 章讨论它对自由意志的存在所造成的影响。另外还有一个即将退出历史舞台的想法是坚信我们的宇宙极其适合生命的存在，我们会在第 7 章重点讨论它。

然而，界定当前科学的边界也不只是会摧毁不切实际的幻想，它还能帮助我们认识到哪些信念仍然不违反科学事实。我们与其将这样的信念称为"非科学"（unscientific），倒不如称为"无关乎科学"（ascientific），正如蒂姆·帕尔默（Tim Palmer，我们在随后的章节中很快就会再次遇到他）所说：科学对它们不置可否。其中有一些信念有关宇宙的起源，而我们不仅对解释该问题无从下手，甚至于对其能否得到解释都深表怀疑。这可能是科学根本上的局限，至少我到目前为止是这么认为的。令我感到震惊的是，我们目前还不能完全排除宇宙本身具有意识的可能性（参见第 8 章）；而对于人类行为究竟能否预测，目前也还不能妄下定论（参见第 9 章）。

　　简而言之，本书讲的是现代物理学所提出的重大问题，从现在与过去是否有所不同，到每个粒子是否都有可能包含一个宇宙，再到自由意志之外是否存在一只无形的大手正通过自然规律的约束操纵着我们的命运。当然，我并不能给出最终的答案，但我想告诉你们，科学家目前已经掌握了多少，以及哪些内容目前还只是纯粹的猜想。

　　我关注的大部分是有确凿依据的关于自然的理论，因此我提出的所有观点都应该在前面加上一句"据我们目前所知"，因为科学的不断进步可能会推动知识更新迭代。在某些情况下，问题的答案取决于我们尚未完全理解的自然规律的性质，例如量子测量以及时空奇点的本质。在这类情况下，我将指出未来的研究会以何种方式为我们解开谜团提供帮助。由于我并不想让你们只听到我自己的意见，我还在书中增加了一些访谈的内容。在本书的末尾，你可以看到一个简短的术语表，其中包含了最重要的专业术语的定义。术语表中的术语在正文中首次出现时会以粗体标记出来。

　　《存在主义物理学》，写给不忘提出重大问题并且对答案无所畏惧的你。

一则警告

我想让你先对自己的处境有所认知，所以我先给你交个底。我既是不可知论者，又是一名异教徒。我从未加入过任何有组织的宗教，也从未有过加入任何宗教的想法。不过，我对宗教信仰本身倒并不反感。科学存在局限性，而人类一直在尝试突破这些局限性去寻求意义，只是方式各异。有些人通过学习宗教经典文本，有些人通过冥想，有些人从哲学中汲取养分，有些人则会吸食各种奇怪的东西。这些方式在我看来都可以，只是要强调一个前提，探索的过程要尊重科学事实——这是最关键的。

如果你的信念与有经验事实支撑的知识相冲突，那么你所做的就不能被称为寻求意义，而是痴人说梦。也许你宁愿坚持自己的错觉，那么这本书不适合你——虽然我对此真的很遗憾。在随后的章节中，我们将会讨论自由意志、来世以及对意义的终极探索，这很可能会让我们心力交瘁。我本人花了一番功夫才接受我所知道的那些已得到充分证实的自然规律所引出的结论，我估计你们中的一些人也会发现这同样是一件苦差事。

你可能认为我是在夸大其词，好让枯燥乏味的物理学听起来更加令人兴奋。大家都知道我希望这本书能够大卖，所以我也不装了。不过我特意发出这则警告的主要原因是，我真的很担心这本书会对一些读者的心理健康产生负面影响。有时候会有人联系到我，告诉我他们在偶然读到我的某篇文章之后大受震撼，以至于不知道该如何继续生活下去。他们看上去相当不安：没有自由意志的生命有什么意义？如果人类的存在只是偶然和侥幸的结果，那么人类的存在还有什么意义？在知道宇宙随时都有可能毁灭之后，你怎么可能不惊慌失措呢？

确实，有些科学事实令人难以接受，而更糟糕的是，心理学家基本帮不上忙。我曾经接受过心理治疗，因此我深知这一点。不过，你也可以仔细想一想，其实科学所给予我们的，远比我们为其付出的要多。最后，我希望你们可以因以下事实而感到宽慰：你并不需要为了给希望、信念和信仰腾出空间而压制自己的理性思维。

过去依然存在吗？

现在和永远

时间就是金钱。如果你不抓紧，它就会飞速流逝。"时间过得真快。""没时间了。"我们无时无刻不在谈论时间。然而，时间却依然是最难理解的自然属性之一。

阿尔伯特·爱因斯坦给时间赋予了相对性，对我们的理解也没什么帮助。在爱因斯坦之前，所有人的时间都以同样的速度流逝，而在爱因斯坦之后，我们了解到时间的流逝取决于我们的运动。虽然我们给每个时刻的赋值（比如下午 2：14）取决于习惯和测量的精度，但在爱因斯坦提出相对论之前，所有人都笃信你的"现在"和我的"现在"是一样的；这是一种放之四海而皆准的"现在"——宇宙里有一座无形的时钟正在嘀嗒作响，时刻提醒着我们当下这一时刻的特殊性。但自从爱因斯坦提出相对论以来，"现在"就仅仅是一个我们在描述自身体验时用起来比较称手的词了。当前的时刻不再具有根本性意义，因为根据爱因斯坦的理论，过去和未来都同当下一样真实。

这与我的体验不符，对你来说多半也同样如此，但人类的体验本来就不适合指引我们充分掌握自然的基本规律。我们对时间的感知是由昼夜节律以及大脑储存和读取记忆的能力所塑造的。可以说这种能力在很多方面都让我们受益匪浅，但要想把时间的物理规律从我们对时间的感知中剥离出来，最好着眼于一些简单的系统，比如摇动的钟摆、沿轨道公转的行星，或是从遥远恒星处远道而来的光。只有通过观测这些简单系统，我们才能摒除自己的感官对于物理规律不太准确的理解，从而准确地推断出时间的物理性质。

100 年来，我们通过无数次的观测证实了时间确实具有爱因斯坦在 20 世纪初所推测的性质。根据爱因斯坦的理论，时间也是一个维度，它与空间的三个维度组合成为一个整体，即四维时空。将时间和空间结合为时空的想法可以追溯到数学家赫尔曼·闵可夫斯基（Hermann Minkowski），而爱因斯坦首次充分掌握了其背后的物理学规律，他在他的狭义相对论中总结了这些研究成果。

狭义相对论中的"相对"一词意味着不存在绝对的静止，你只有可能相对某个物体处于静止状态。例如，你现在可能相对于这本书是静止的，它既没有远离你，也没有在靠近你。但如果你把它扔到角落去，那么就有两种方式可以描述这种情况：书以某一速度相对于你和地球上的其他物体运动，或是你和地球上的其他物体相对于书运动。根据爱因斯坦的说法，这两种方式对同一物理过程的描述是等价的，并且预测的结果也是相同的——这就是"相对"的含义。"狭义"的意思只是该理论并不包含引力，爱因斯坦在后来的**广义相对论**中才将引力纳入自己的理论体系。

无论以何种方式在爱因斯坦的四维时空中运动，我们都应该能够以相同的方式来描述物理现象。这一观点听起来好像没什么大不了，但它实际上会引发许多违反直觉的后果，我们对于时间的认识也因此而产生了翻天覆地的变化。

o　·　·　o

在通常的三维空间中，我们可以用三个数字来表示任意位置的坐标。例如，我们可以用一个东西在东西方向、南北方向以及上下高度上与你家前门的距离来确定它的位置。如果时间同样是一个维度，那么就只需要添加第四个坐标，比如距离你家门口的早上 7 点的时间。然后，我们将这一套完整的坐标称为一个事件。那么向东 3 米、向北 12 米、向上 3 米、往后 10 小时的时空事件可能就是下午 5 点的你家阳台。

坐标的选择是任意的，我们可以给时空坐标贴上很多种不同的标签，爱因斯坦认为选择哪一种并不重要。某个物体实际经过的时间与我们选择的坐标无关，爱因斯坦证明了这一不变的、内在的时间就是时空曲线的长度，物理学家称之为固有时。

假设现在你要从洛杉矶开车去多伦多，这两个城市之间大约 2 200 英里[①]的直线坐标距离对你来说没有什么意义，你真正关心的是自己在高速公路和街道上行驶的路程，差不多是 2 500 英里。在时空中也类似，相比较而言，行程长度比坐标距离更有意义。不过，有一个相当重要的区别：在时空中，两个事件之间的曲线越长，则经过的时间越短。

如何能够使时空中两个事件之间的曲线变长？改变速度可以做到这一点。加速度越大，固有时就过得越慢，这种效应被称为时间延缓。你可能会想，这是不是意味着，我们只要绕着圈跑[1]，就会衰老得慢一些？理论上来说的确如此，但这样做实际上收效甚微，我并不推荐将其作为一种抗衰老策略来实行。顺带一提，这也是黑洞附近的时间比远离黑洞的地方更慢的原因——根据爱因斯坦的等效原理，强引力场与高加速度产生的效应相等。

这意味着什么？假如我有两个相同的时钟，现在我把其中一个给你，然后我们各走各的道路。爱因斯坦时代之前的人会认为，当我们再次相见时，这两个时钟上显示的时间完全相同——他们把时间看作一种普遍参数。但是爱因斯坦指出并非如此，时钟走过的时间除了取决于我们运动的时长之外，还取决于我们运动得多快。

---

① 1 英里约合 1.6 千米。——编者注

　　我们怎么知道爱因斯坦所说的是正确的呢？自然是通过一系列测量。如果要详细介绍到底是哪些观测证实了爱因斯坦的理论，那可能就偏题太远了，我会在最后的注释部分中推荐一些阅读材料，供你进一步了解相关内容。[2] 为了继续把这章内容写下去，请允许我在此简明扼要地告诉你，能够证明时间的流逝取决于运动的证据浩如烟海，并且大都相当可靠。

　　我一直在以钟表为例来解释，但是加速度减缓时间的事实与钟表这一设备并无特殊的关系，实际上任何物体都会表现出这一特性。无论是燃烧循环、核衰变，还是沙漏中的沙子以及我们胸腔中的心跳，每个过程都按照自己的时间演变。但是这些过程的时间之间的差异通常微乎其微，因此我们在日常生活中通常不会注意到。不过，一旦我们需要高度精确地记录时间，比如使用全球定位系统（GPS），差异就会变得格外引人注目。

　　你手机里的导航系统很有可能使用的就是GPS提供的服务，它会授权如手机这样的接收器根据几颗环绕地球的卫星发出的信号计算出自己的位置。由于时间并不是普遍的，这些卫星上的时间流逝速度与地球上略有不同，既因为卫星相对于地球表面运动，也因为卫星所处的轨道上引力场较弱。手机上的导航软件需要考虑到这些因素才能正确推算出自己的位置，因为卫星时间流逝的差异会导致其发出的信号受到轻微的干扰。尽管这种影响并不大，但它并不只是哲学层面的问题，而是物理学中确凿的事实。

．　．　．

　　时间的流逝并不是统一的，这已经足够让人丈二和尚摸不着头脑了，但还没完呢。因为光速虽然很快，终究也是有限的，光从光源发出之后需要一段时间才能到达我们的眼睛。所以，严格来说，我们所看到的事物永远都是它们稍早一些的样子。不过，我们在日常生活中通常不会注意到这一点，光的传播速度之快足以让我们忽略其在地球上进行短距离传播所耗费的时间。比如你抬头看到了云，实际上那是它百万分之一秒之前的样子，但这有什么区别呢？我们看到的太阳是 8 分钟前的样子，不过因为太阳通常不会在短短几分钟内就发生太大变化，所以光传播的时间也不会产生什么影响。如果你看向北极星，那么你看到的就是它在 434 年前的样子，而你可能会觉得，那又怎样？

　　人们很容易把事件发生的那一刻与我们观察到这一事件之间的时间差归结为感知上的局限性，但这其实影响深远。我要再强调一次问题的关键，时间的流逝速度并不是普遍如一的。如果你要问"同一时间"其他地方发生了什么事情——例如当太阳发出你现在所看到的这束光时你正在做什么——那么任何回答都是没有意义的。

　　这个问题被称为同时的相对性，爱因斯坦本人对此做出了完备的说明。为了更加深入地了解，画几张时空图可能会有所助益。四维空间很难画，所以希望你们能原谅我只能画出一个空间维度和一个时间维度。在这张图中，相对于所选坐标系静止不动的物体用一条竖直的直线来描述（参见图 1）。这类坐标也被称为物体的静止参考系，匀速运动的物体会使直线呈一定角度倾斜。按照惯例，物理学家用 45° 角来表示光速。光速在所有观察者眼中都是恒定不变的，并且由于它无法被超越，所有物理对象都必须在 45° 倾角的直线内运动。

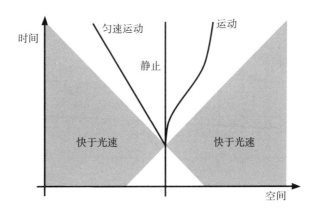

图 1　时空图的原理

爱因斯坦是这样论证的。假设你现在想使用在相对于你静止的镜子上来回反射的激光束脉冲来建立一个同时性的概念。[1]你向左右两个方向分别发出一个脉冲，并且在两个镜子之间调整自己的位置，直到它们同时返回到你身上（参见图 2a）。这时你

①　我自己曾经也相当困惑，激光到底有何特别之处，以至于时常出现在各种与时空有关的图书当中。答案是"没什么特别的"。这只是因为我们知道激光以光速移动（一句废话），而且不怎么会扩散，所以在阐明空间和时间之间的关系时，激光是一个极为便利的选择。

就知道自己恰好位于中间位置，而激光束在同一时刻击中了这两面镜子。

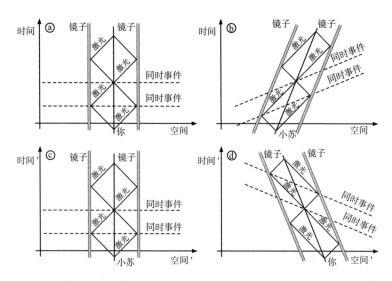

图 2　同时事件结构的时空图。左上（a）你在你的静止参考系中，坐标标记为空间和时间；右上（b）小苏在你的静止参考系中；左下（c）小苏在她的静止参考系中，坐标标记为空间′和时间′；右下（d）你在小苏的静止参考系中

　　一旦完成上述操作，你就能知道激光脉冲在你自己的时间里击中这两面镜子的准确时刻，哪怕这些事件发出的光尚未到达你的眼睛，因而你还没看到它们发生。你可以低头看看手表，然后喊出："就是现在！"如此一来，你就构建了一个同时性的概念；从理论上讲，这一同时性能够跨越整个宇宙。实际上，你可能没有耐心去等待激光脉冲在 100 亿年之后终于归来，但这就是你所认识到的理论物理。

现在想象一下，你的朋友小苏相对你进行匀速运动，并且试图完成同样的实验（参见图 2b），不妨假设她从左向右运动。小苏也用了两面镜子，一面在她的右边，一面在她的左边，并且这两面镜子也以同样的速度随她一起运动——因此镜子相对于小苏也同样是静止的，就像你用的镜子一样。像你一样，她也向两个方向发出激光脉冲，并且调整自己的位置，使得脉冲在同一时刻从两侧返回到她那里。像你一样，她也知道脉冲在同一时刻击中了这两面镜子，并且也同样可以在自己的手表上计算出相应的时刻。

问题在于，她得到的结果和你不一样。小苏认为同时发生的两件事在你看来并未在同一时刻发生。这是因为从你的视角来看，她正朝向其中一面镜子移动，同时远离另一面镜子。在你看来，一束脉冲到达她左边的镜子所花费的时间比另一束脉冲到达她右边的镜子所花费的时间更短。小苏之所以没有注意到这一点是因为，在脉冲从镜子返回的路径上发生了相反的情况。从小苏右边的镜子发出的脉冲需要更长的时间才能追上她，而从她左边的镜子发出的脉冲则到达得更快。

你可能会说小苏搞错了，但是在她看来搞错的人是你，因为对她来说，你才是那个处于运动中的人。在她看来，其实是你的激光脉冲没有同时击中那两面镜子（参见图 2c 和图 2d）。

谁才是对的呢？你俩都不对。这个例子表明，在狭义相对论中，"两个事件同时发生"这一说法是没有意义的。

需要强调的是，以上论证之所以成立，只是因为光的传播不需要介质，并且（真空中的）光速对所有观察者而言都是一样的。如果用声波（或是除真空中的光之外的其他任何信号）来举例的话，这个结论就不成立了，因为信号传播的速度对所有观察者来说并不相同，而是会取决于它所穿过的介质。在这种情况下，你们俩之间才能在客观上分出对错。你对"现在"的定义可能与我对"现在"的看法并不相同，这是阿尔伯特·爱因斯坦贡献的洞见。

◦　◦　◦

我们刚刚证明了，两个相对运动的观察者并不认可对方关于两个事件在同一时刻发生的看法。这不仅相当古怪，而且完全削弱了我们对现实世界的直观认识。

为了更加清晰地认识这一点，我们假设有两个没有因果关系的事件，这意味着你不能从一个事件向另一个事件发送信号，即使以光速发送也不行。从时空图上看，"无因果关系"就意味着如果你在两个事件之间画一条直线，那么它与水平线之间的夹角小于45°。再回去看一眼图2b，对于两个没有因果关系的事件，你总是可以想象出一个观察者，对他而言这条直线上的一切都是同时发生的。你只需要设定观察者的速度，使得激光脉冲的返回点落在这条直线上即可。但是如果任意两个没有因果关系的点都能对于某人来说同时发生，那么我们就可以说，每个事件都发生在某人眼中的"现在"。

　　为了阐述后面的推论，我们假设一个事件是你的诞生，另一个事件是超新星爆发（参见图3）。超新星爆发与你的诞生之间没有因果关系，这意味着在你诞生时，它发出的光还没有到达地球。然后你可以想象你的朋友小苏正在太空中旅行，她同时观测到了这两个事件，因此在她的视角下，它们同时发生了。

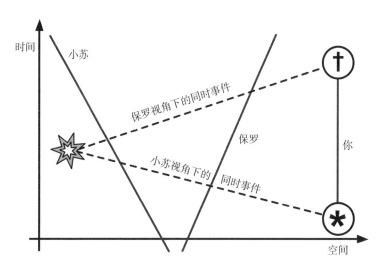

图 3　任意两个没有因果关系的时间都有可能会在某些观察者眼中同时发生。如果所有观察者的经验都是等效的，那么所有事件都以同样的方式存在，无论它们在何时何地发生

　　再进一步假设，当你死的时候，超新星发出的光还没有到达地球。而你的另一位朋友保罗找到了某种办法在你和超新星之间穿行，这样他就能同时看到你的死亡和超新星爆发。从保罗的视角来看，这两件事同时发生了。在宇宙飞船上坚守岗位的两位朋友，虽然你们并不存在，但是这就是你们看到的情况！

现在，我们可以把目前为止所学到的内容整合起来。我相信即便我们只能看到云在百万分之一秒钟之前的样子，大部分人也会说它们是存在于现在的。在这种情况下，我们使用的是自己个人的同时性概念，这与我们在时空中移动的方式有关——生活在地球表面的我们移动的速度往往远低于光速。因此，我们口中的"现在"几乎都是同一个意思，而且通常不会引起混淆。

然而，对于小苏和保罗这样移动到其他地方，并且速度很可能接近光速的观察者来说，所有"现在"的概念都是等效的，而且原则上都是跨越整个宇宙的。因为可能会有观察者认为你的出生和超新星爆发同时发生，所以根据你自己对于存在的定义，超新星爆发存在于你出生的时刻。而另一个观察者可能会认为超新星爆发与你的死亡同时发生，因此你的死亡存在于你出生的时刻。

你可以把这一论证推广到宇宙中任意时间、任意地点的任意两个事件上，并得出相同的结论：爱因斯坦狭义相对论下的物理学不允许我们将"存在"限制在被我们称为"现在"的短暂时刻。一旦你认可某个东西现在存在于某处，哪怕你要晚些时候才会看到它，你也不得不承认宇宙中的一切现在都存在。[3]

物理学家将狭义相对论引出的这一令人困惑的结论称为块状宇宙。在这样的块状宇宙中，未来、现在和过去都以同样的方式存在，只是我们对它们的体验不同而已。如果所有的时间都是相似的，那么我们所有过去的自己（以及我们的祖祖辈辈）都在以和我们现在的自己相同的方式存活着。他们存在于我们的四维时空当中, 过去一直都存在着, 并且也将永远存在下去。用英国喜剧演员约翰·劳埃德（John Lloyd）的话来说:"时间有点儿像风景, 你不在纽约并不意味着纽约不在那儿。"[4]

爱因斯坦提出狭义相对论和广义相对论已经是一个多世纪之前的事了, 但时至今日我们仍然难以理解这些理论的真正含义。过去和未来存在的方式和现在一样, 这听起来荒谬不经, 但它与我们目前所知的物理学知识并不矛盾。

永恒的信息

当下这一时刻没有什么特殊含义这种观念, 可以从另一个角度来看待。所有成功的**基础物理学**理论都需要两大要素:（1）**初始条件**, 即你想要描述的某个对象在某一时刻的详细信息;（2）一条公式, 我们称之为**演化规律**, 用来计算系统如何从这个**初始状态**发展到另一个时刻。

我得解释一下, "演化"这个词和查尔斯·达尔文没什么关系, 它仅仅意味着这条规律能让我们明白一个系统如何演进, 也就是随着时间的推移会发生什么变化。举个例子, 如果你知道陨石进入地球大气层的位置和速度（初始条件）, 那么只要运用演化规律就能计算出陨石撞击地球的位置。既然我们已经开始介绍术语了, 不妨再提一句, "你想要描述的任意对象"对应的专业表述是系统。尽管在其他学科当中, "系统"一词有其特定含义, 但在物理学家这里, 它可以用来指代一切事物。这种用法很方便，因此我也会在这本书里频繁地提及。

我们想要进行预测的时候，可以取某个系统在某一时刻的状态，然后运用演化规律从这一时刻开始计算，该系统在其他任意时刻会是什么样。不过需要提醒一句，我们可以沿着时间的任意一个方向进行计算，因为这些规律是**时间可逆的**，它们就像电影一样，可以正放也可以倒放。

在我们的日常生活中，时间正向流动和逆向流动截然不同。我们只能看到覆水难收，破镜难圆，人无再少年。后面我会用整个第 3 章来研究为什么时间正向和逆向看起来不一样，但是在这一章，我将把"为什么时间似乎偏向其中一个方向"这个问题放在一边，而是将目光聚焦于演化规律的时间可逆性会导致什么后果。

时间可逆性并不意味着时间的两个方向看起来是相同的，否则就是时间反演不变性了。时间可逆性仅仅意味着，只要给定某一时刻的所有信息，我们就可以计算出在此之前以及在此之后的任意时刻发生了/将会发生什么。

未来的所有事件理论上都可以从任意较早的时间计算出来，这种观点被称为**决定论**。在物理学家发现**量子力学**之前，当时所有已知的自然规律都是决定论的。[5] 1814 年，法国科学家、哲学家皮埃尔–西蒙·拉普拉斯（Pierre-Simon Laplace）假想了一种无所不知的存在来阐明决定论的影响。

我们可以把宇宙目前的状态视为其过去状态的结果以

及未来状态的原因。只要任意时刻存在一个智者,他能理解所有支撑自然运转如常的力和所有生存其中的生物各自的处境,同时也能够分析这海量的数据,那么从宇宙中最大的物体到最小的粒子的运动就都会包含在一条简单公式中。对于他来说没有什么是不确定的,未来只会像过去般呈现在他面前。[6]

这个无所不知的存在叫作"拉普拉斯妖",只是一个理想化的虚构。在现实中,当然没有人掌握预测未来所需的全部信息——我们不是无所不知的。但是我并不关心要如何落实这种计算,我只想知道基本规律及其属性为我们揭示出的现实世界的本质是什么。

时间可逆定律也是决定论的,但是反过来却不一定正确。假设有一款无法获胜的电子游戏,而你在看一位玩家的游戏录像,他的每局游戏都以失败告终。录像的结束画面无一例外都是"游戏结束"(GAME OVER),这意味着你只凭结束画面无法推导出在此之前发生过什么。结果是确定的,但不是时间可逆的。反之,时间可逆定律会在任意两个时刻之间建立起一种独特的关系。还是拿电子游戏来举例,时间可逆意味着最终画面上包含足够多的细节,让你能够准确地找出究竟是什么操作导致了该结果的出现。

除了我将要在下一小节讨论的两个过程之外,目前已知的基本自然规律都是时间可逆且决定论的。未来的一切在现在看来已是定局，这似乎严重限制了我们做决定的能力。我们会在第 6 章讨论这对于自由意志来说意味着什么，而现在我想把重点放在时间反演不变性的积极一面，即宇宙确凿地记录着关于你曾经说过、想过和做过的所有信息上。

我在这里使用了"信息"这个词来粗略地指代你需要放进演化规律中并以此做出预测的所有数字。因此，信息仅仅是你在准确描述某个系统在某一特定时刻的初始状态时所需的所有细节。在物理学的其他领域，信息一词含义之广远不止于此，但在这里我们不必把事情搞得那么复杂。

演化规律可以将任意时刻的初始状态转换为任意其他时刻的状态，所以它实际上就是向我们说明，宇宙和时空中的物质是如何重新配置的。我们从粒子的一种排列方式起步，用方程进行计算，最终得到粒子的另外一种排列方式。整个过程中的信息都被完整地保存下来，若要恢复之前的状态，只要运用刚刚用过的演化规律进行逆运算即可。虽然这在实践中无法实现，但是从理论上讲，包括与你的身份特性相关的每一个细枝末节在内的任何信息都是无法销毁的。

。　　。　　。

接下来我们来聊聊时间可逆性的两个例外：量子力学中的测量以及黑洞的蒸发。

量子力学中有一种数学对象叫作波函数，它具有时间可逆的演化规律，即薛定谔方程。波函数通常以 Ψ（希腊字母 ψ 的大写，读音为"普赛"）表示，它描述了你想观测的任意对象（也就是"系统"）。我们可以通过波函数来计算出测量结果的概率分布，但是波函数本身是不可观测的。

我们还是举例说明一下吧，比如我们现在要运用量子力学来计算一个粒子在特定位置被测量到的概率。为了探测到这个粒子，我们采用一块发光屏幕，它在粒子击中的位置会发出闪光。不妨假设我们经过计算所预测的结果是有 50% 的概率在屏幕左半部分找到粒子，50% 的概率在屏幕右半部分找到粒子。根据量子力学，这种带有概率的预测就是唯一解，并不是因为我们缺少什么信息才无法确定准确的位置，而是就是不存在其他的信息。波函数就是对粒子的完整描述，这也是基础理论中"基础"二字的含义。

然而，当真正进行测量的时候，我们就可以确定这个粒子到底落在屏幕的哪半部分了，这意味着我们必须将波函数从 50–50 修正成 100–0 或者 0–100，具体结果取决于我们在哪一边看到了它。这种数据的"修正"有时也被称为波函数的还原或者坍缩。我觉得"坍缩"这个词存在歧义，因为它暗指了一个量子力学并不包含的物理过程，所以我一般习惯于使用"修正"或是"还原"。如果没有修正的过程，量子力学就无法描述我们观测到的东西。

"但是什么是测量呢？"你可能会这样问。这是个好问题，在量子力学发展的早期，它确实深深困扰着物理学家。幸运的是，这个问题目前很大程度上可以说被解决了。测量是指任意足以破坏系统量子行为的剧烈或频繁的相互作用。只有将量子行为彻底破坏才有可能彻底计算出其结果（而且我们已经有过很多成功的先例了）。

最重要的是，这些计算表明量子力学中的测量并不需要有意识的观察者。事实上，它甚至不需要测量仪器。即使是空气分子或光的微弱相互作用也会破坏量子效应，之后波函数就会得到修正。当然，在这个例子里使用"测量"一词似乎很不准确，但在物理学上，与人造设备的交互作用和与自然环境的交互作用之间没有任何区别。因为在日常生活中，我们永远无法摆脱环境的影响，所以我们在正常情况下无法通过肉眼见证"既死又活的猫"这样的量子效应。量子行为实在是太容易遭到破坏了。

这也是为什么你不应该听信那些声称量子跃迁可以让你摆脱疾病，还有可以从量子涨落中获取能量来改善生活的人。这些甚至称不上是非主流的科学结论，而是与事实依据完全不相符。在正常情况下，量子效应不会超出分子尺度发挥作用。它们很难持续，也很难测量，这正是物理学家喜欢在接近绝对零度的温度下（如果能有真空环境那就更好了）做实验的原因。

我们清楚地理解了测量的所有要素，但我们需要在测量时修正波函数这一事实让量子力学变得既不确定又时间不可逆。量子力学并不是决定论的，因为我们无法预测自己实际上会测量出什么结果，只能预测出测量结果的概率分布；它也不是时间可逆的，因为我们一旦完成针对粒子的测量，就无法推断出测量之前的波函数是什么。假如你测量到粒子落在屏幕左半部分，你就无法判断之前波函数预测它落在这边的概率究竟是 50% 还是 1%。波函数有许多种不同的初始状态，但它们都会导致相同的测量结果，这意味着量子力学中的测量会对信息造成永久性破坏。

如果你对量子力学史有所了解，你就会知道它的物理诠释目前仍然很有争议。1964 年，在量子力学理论建立半个多世纪之后，理查德·费曼告诉他的学生："我可以很有把握地说，没有人真正理解量子力学。"[7] 又过了半个世纪，2019 年，物理学家肖恩·卡罗尔（Sean Carroll）则这样写道："哪怕是物理学家也没法理解量子力学。"[8]

事实上，波函数本身无法被观测的事实已经困扰了物理学家和哲学家长达一个世纪，无数人为此辗转反侧，彻夜难眠，但我们不需要在这里讲一遍整个争论过程。如果你想了解更多关于量子力学的诠释，请看看我在注释部分中给出的推荐书单。[9] 总之，就算你从根本上质疑波函数的测量和修正，这也是目前在科学上行之有效的一套理论。就我个人而言，我认为测量修正在未来的某一天很有可能会被更基础的理论中的物理过程所取代，并且这一过程可能会是确定并且时间可逆的。

需要补充说明的是，在目前最流行的量子力学诠释之一——多世界诠释中，测量修正根本不会发生，宇宙的演化依然是时间可逆的。我并不是多世界诠释的忠实粉丝，具体原因我会在第 5 章列出，但是为了让你对目前的研究现状有一个准确的印象，我要在这里多提一句：多世界诠释是我们相信时间可逆性仍然没有超出当下科学知识边界的另一个理由。

　　这就引出了时间可逆性的另一个例外：黑洞的蒸发。在黑洞附近，时空剧烈弯曲，光受到巨大的引力作用，只能绕黑洞运行，无法逃逸。光被困住的曲面被称为黑洞的视界；在最简单的情况下，视界的形状是一个球面。因为没有任何东西的速度能超过光速，所以黑洞会捕获所有试图穿越视界的物体。如果有什么东西不小心掉进了黑洞，无论是一个原子、一本书，还是一艘宇宙飞船，它都再也不可能回来了。一旦进入黑洞，它就和宇宙的其他部分永别了。

　　然而，一件东西只是看不见，并不意味着它已经不存在了。如果我把一本书放进盒子里，并且从此将其封存，那我就再也看不见这本书了，但这并不会破坏书中的信息。因此，黑洞视界的存在对信息的保存来说不是什么问题。虽然我们无法获取这些信息，但只要黑洞能够继续无限存储信息，好像也就无所谓了。

　　直到 1974 年，史蒂芬·霍金证明了黑洞不会永续存在。量子涨落会让黑洞视界周围的时空失去稳定，原先的真空会在这一区域衰变成粒子，其中主要包括光子（组成光的粒子）和名为中微子的小型粒子。这会产生一种稳定的能量流，叫作霍金辐射，它会从视界中带走能量。黑洞会逐渐蒸发，根据能量守恒可知，黑洞会在蒸发的同时逐渐缩小。

　　然而，因为霍金辐射并非来自黑洞内部，所以它不会包含与最初形成黑洞或者后来落入黑洞的东西相关的信息。别忘了，黑洞内部与外部是不相连的。辐射确实携带了一些信息，如果能将这些辐射全部收集起来,我们就能推断出黑洞的总质量和角动量。但是辐射携带的信息远不足以还原消失在视界范围内的事物的所有细节。因此,在黑洞完全蒸发,只剩下霍金辐射之后,你无法计算其初始状态。它曾经是白矮星还是中子星,它有没有吞噬过一颗卫星、一片氢分子云或是一位不幸的太空旅行者,这位航天员最后说了些什么,你都无从得知。因此,黑洞的蒸发是时间不可逆的:很多种不同的初始状态都会导致同一个最终状态。

这好像和量子测量的问题有些类似,但是有一个重要的区别。在黑洞蒸发的过程中,信息的破坏甚至发生在测量辐射之前。这是个很大的问题,因为这意味着哪怕是量子理论的演化规律也无法解释黑洞蒸发。也正是出于这个原因,目前大多数物理学家都认为霍金关于黑洞会破坏信息的结论存在瑕疵。

霍金本人的想法在晚年也发生了转变,他开始倾向于认为黑洞不会破坏信息。霍金在 1974 年所做的计算最显著的缺陷在于没有考虑引力的量子性质,但我们也不能对他过于苛求,因为目前这方面的理论还没有出现呢。如果我们能找到这样的理论,再把它与霍金的计算综合起来,也许就能复原黑洞蒸发的时间可逆性。现在有很多物理学家对此表示认可。

。　。　。

总而言之,除了量子测量和黑洞蒸发这两种尚存争议的情况之外,信息是无法被破坏的。这对丢过车钥匙的我来说真是莫大的安慰，不过还有更严肃的例子。一旦你的祖母过世，她的一切信息——包括她独特的生活方式、她的生活智慧、她的善解人意、她的幽默风趣——都会随风而去，我们在现实中永远无法挽回这一切，它们会迅速分解成我们无法与之沟通的形式，也不再拥有自我意识。然而，只要你相信我们的数学计算，那么这些信息就依然存在于某个地方，以某种方式散布在宇宙中，并且永远留存。这听起来可能荒诞不经，但并不违背我们已知的科学知识。

超凡脱俗的数学

到目前为止，我在本章的所有论证都是基于对自然规律的数学性质的分析，但这种方法本身也需要进一步检验。正如尤金·维格纳的名句，数学在自然科学中有着"不合常理的有效性"[10]，这很奇怪。对物理学家来说，数学确实有着无尽的妙用，证据就摆在你面前。无论你是在通过屏幕阅读电子书，还是在看借助激光打印技术制成的纸质书，你都是在享用物理学家带来的研究成果，而他们正是在深入钻研了现代技术所依赖的量子力学数学之后才得以实现自己的想法。你可能对数学不太熟悉，也有可能无法理解，甚至有可能不喜欢它，但数学的有效性是毋庸置疑的。

然而物理学并不是数学。物理学是一门科学，其目的是描述我们观察到的自然现象。相信你已经注意到了，我们确实会在物理学中运用大量数学，但我们之所以这样做并不是因为我们知道世界真的就是数学。它有可能是数学——这种可能性被称为柏拉图主义，但柏拉图主义只是一种哲学立场，而不是科学立场。我们能够从观察中获知的仅仅是，数学对于描述世界是有用的。"世界就是数学，而不仅仅是被数学描述"只是一个额外的假设。由于我们在解释观察到的现象时用不上这个额外的假设，所以它是不科学的。

然而，"现实即数学"的观念在许多物理学家的脑海中根深蒂固，他们认为我们身处于名为数学的永恒真理之中。在教科书和论文中经常会出现这样的表述：时空是一种特定的数学结构，而粒子是一种特定的数学对象。物理学家可能没有意识到他们认同了现实即数学的观点，如果有人问到这个问题的话，他们会予以否认。但在实践中，他们并不会严格地将两者区分开来。这种混淆会带来很多麻烦，因为物理学家有时会错误地认为他们的数学揭示了超出其能力范畴的真相。

这在马克斯·泰格马克的"数学宇宙"思想中体现得淋漓尽致。根据泰格马克的说法，所有数学都是真实的，而且都同等真实。这里所说的不仅仅是描述我们观察结果的数学，还指任何包含在数学范围内的东西：欧拉数、黎曼 ζ 函数的零点、伪度量非豪斯多夫流形、p进伽罗瓦表示的模空间等，所有这些你见过的没见过的东西都和你的大脚趾一样真实。

你可能会觉得有些难以消化，但不管你怎么想，这些都谈不上是错的，它们只是不科学而已。显然我们在描述自己观察到的东西时并不需要用上所有数学概念——宇宙的存在方式有且仅有一种，所以描述它只需要用到非常具体的数学。科学猜想中不应该有多余的假设，因为那样会增加"这是由上帝创造的"之类的表述。"所有数学都是真实的"就是一个不科学的、多余的假设——它无助于我们更贴切地描述自然。不过，我们用不上那些数学也不意味着它们不存在，假设它们不存在对于我们的描述而言也是多余的。所以，科学不能判断所有数学是否存在，就像它不能判断上帝是否存在一样。

坦率来说，我认为泰格马克提出数学宇宙的概念只是为了标新立异，而他成功地达到了这一目的。不过无论他的动机是什么，我都要承认，现实只是绝对数学真理的表现这样的想法令我感到欣慰。果真如此的话，那么至少这个世界是有意义的，只是我们还不明白或者尚未理解如何用数学来解释它而已。

尽管现实即数学的想法令人欣慰，但我还是无法说服自己去相信这一点。我们人类在地球上才安定下来不久，就要大言不惭地声称我们一下子就发现了自然的语言，这在我看来实在有些冒昧。从百万年的时间尺度上来看，谁敢说以后不会有人发现有比数学更好的方式来理解我们的宇宙呢？我称之为"有限想象原则"：目前想不出更好的解释，并不意味着没有更好的解释。我们只是还不知道有什么方法能比数学更加有效地描述自然现象，这并不意味着不存在这样的方法。

所以，如果你认为过去因为数学才存在，并且所有数学都存在，那么你当然可以相信过去依然存在，这取决于你自己。本章前面几个小节的论证并不取决于你是否相信数学的真实性，只是那些论证都含蓄地假设了数学本身是永恒的、数学真理是不朽的、数学逻辑是不变的。这个假设无法被证明，因为你找不到能证实它的论据。我们的科学探究建立在一些通常不言自明的信念之上，这就是其中之一。

小结

根据我们目前建立的自然规律来看，未来、现在和过去都以同样的方式存在。这是因为，无论你所说的"存在"究竟是什么意思，这些法则都不能将时间中的某一时刻与其他时刻区分开来。所以，过去和现在以同样的方式存在。虽然还有一些问题尚未解答，但似乎自然规律会完整地保存所有信息，所以你和你的祖母在一生当中经历的一切都会毫厘不差地永远留存。

宇宙是怎样诞生的？它会如何终结？

将某件事情解释清楚意味着什么？

地球形成于约 45 亿年前，最早的原始生命形式诞生于约 40 亿年前。在那之后自然选择开始大展拳脚，环境适应性越来越强的物种在地球上涌现。生物学家说，这方面的证据多如牛毛，无可辩驳。

真的是这样吗？我们现在假设地球在 6 000 年前才出现，并且所有的化石记录都摆放在应该出现的地方，岩石风化的痕迹也符合当时的特征。然后演化从这时继续按照科学家所说的那样进行下去。你要怎么证明我说的不对？

你做不到。

我很抱歉，但我跟你说过，这不是简单的事。

我们无法证明这个故事是错的，因为它完全符合当前自然规律的运作方式。正如第 1 章所讨论的那样，我们只需要一个初始状态和一套演化规律，就可以在时间上向前或者向后应用这些演化规律。我们想要预测某个天体的运行轨迹，只需要测量它现在的位置和速度，然后在演化规律上往后拖动进度条；我们想知道数十亿年前的宇宙是什么样，就代入现在的观测结果，然后往回拖动进度条。

然而，这种方法其实是有问题的。如果我选择一个现在的状态，比如 2023 年的地球，然后运用演化规律，将时间回溯 6 000 年，那么我就会得到前 3977 年的状态。如果我将这个过去的状态再次向后演化，那么我将会回到 2023 年。问题在于，我可以随意挑选演化规律。6 000 年前总有一种对应的状态可以配合上我所使用的演化规律，使之最终变成我们今天所观察到的状态。

事实上，只要我愿意，我完全可以在 6 000 年前突然切换到另外一种演化规律，引入一个造物主或是一台超级计算机，令其来模拟我们所居住的宇宙，或是任何我想要的结果。因此，从目前通行的自然规律来看，我们完全无法否认地球是由某个人或者某个物体创造出来的，创造出的条件完全能演化成如今的情况。

因为这样的创世神话无法被证伪，所以我们无法判断它们是否属实，但是真实性倒还不是主要问题。这些故事最大的缺陷在于，它们是低劣的科学解释。

区分科学解释与非科学解释是本书的核心内容，因此我们要在这里进行深入的探讨。科学的任务是寻找对世界的有效描述——所谓有效是指，它们能帮助我们完成预测新实验的结果，或者可以定量地解释已经存在的观测结果。解释越是简单，就越有效。对于一个科学理论来说，这种解释力可以用多种方式来量化，归根结底就是计算出一个理论需要输入多少内容才能使一组数据符合一定的准确性。对于我们的目的来说，量化解释力的具体方式并不重要。我们只需要知道这是可以做到的，并且某些领域的科学家们已经在做了，宇宙学就是其中一例。[1]

在其他科学领域，比如生物学或考古学中，数学模型现在还没有被广泛使用，因此解释力通常无法量化。这背后有很多种原因，但其中一定有一条是，观测本身往往是定性而非定量的。量化只是一种手段，比如我们可以发明一种用来衡量战争邪恶程度的算法，但是量化观测结果并不一定能带来更深层次的见解，所以我并不强求用方程来表示所有事物。但是我们可能会怀疑自己得出的结论受到了人类感知能力的影响，而量化分析可以打消这种怀疑。例如，我们可以开发一种测量化石的年代间隔的数学方法，从而量化达尔文进化论的解释力。[2]

科学理论极大地简化了我们对这个世界的描述，这种简化正体现了我们做科学研究的意义。一个好的科学理论应当能让我们通过很少的假设计算出很多观测结果，这样的例子数不胜数，比如量子理论就可以让我们计算出化学元素的性质。量子理论可以说是绝佳的理论，因为它能做到以小见大、以少释多；反之，"化学元素是由全知全能的上帝创造出来的"就不是一个好的科学理论。你可能会说这在某种程度上也是一个简单的解释，也许你会觉得它很有说服力，甚至你还会觉得只有借助它才能解释你的个人经历。然而，上帝假说没有可量化的解释力，你无法从中计算出任何结果。这并不能说明它是错的，但的确可以说明它不科学。

"世界是由造物主在 6 000 年前事无巨细地创造出来的"这样的假设确实无法证伪，但也是无效的。我们可以通过量化看看它有多复杂：你需要在初始条件中输入大量数据。一个简单得多且因此而更加科学的解释是，地球是一颗见证了悠长岁月的行星，达尔文进化论勤勤恳恳地履行着它的职责。

既然我们已经知道了用科学术语将某件事情解释清楚意味着什么，那么接下来就一起看看物理学家目前正艰难地寻找解释的一个研究课题：宇宙的起源。

现代版本的创世神话

起初，超弦创造了高维膜。这只是我听过的一个故事，还有其他很多类似的故事。一些物理学家认为宇宙始于一场爆炸，另一些认为源自一次反弹，还有一些则认为宇宙最初是泡沫。有物理学家说一切都来自一片网状结构，还有人认为宇宙起源于某种碰撞、绝对寂静的永续阶段、超弦气体、五维黑洞或是一种全新的作用力。

无论如何，最终的结果都是一样的：我们身处于如今这副模样的宇宙当中。上述这些故事当中你无论采信哪一个都无所谓，这一事实本身就是一个大大的警告。如果宇宙起源是一个科学问题，我们就应该会拥有一些数据能够用于辨明究竟哪个假设才是正确的，或者至少能知道需要收集哪些数据，但是想要获得能够证伪这些现代创世神话的数据实在难如登天。这些故事的历史太过久远，天体物理学家能找到的数据实在太少，远远不足以将这堆五花八门的故事区分开来。更令人绝望的是，就我们目前所知，这样的僵局可能永远无法打破，我们可能永远无法勘破宇宙起源的真相。

我需要介绍一些背景知识，即我们是如何提出有关早期宇宙的理论的，这样你才能明白为什么我会说出这样的话。在宇宙学研究中，我们会极力搜集所有能搜集到的数据，然后寻找一个简单的解释。我们能用它计算出的数据模式越多，这个解释就越好。比如，**协调模型**之所以是目前公认的宇宙学标准模型，不仅是因为我们输入一些初始条件就能计算出宇宙当前的状态。如前所述，做到这一点并不难。重点在于该模型只需要很简单的初始条件——它可以做到以少释多。

协调模型是爱因斯坦广义相对论的应用之一，广义相对论认为引力是由时空弯曲引起的。具体细节我就不展开了，你只需要知道，根据广义相对论，一个充满物质和能量的宇宙会膨胀，而它膨胀的速度取决于宇宙中物质和能量的类型和数量。因此，协调模型本质上是记录了宇宙中有多少物质，我们可以从中推断出膨胀的速度。

在物理学中，我们可以使用模型回溯过去。因此，从宇宙当前的状态（宇宙不断膨胀，物质分散开来聚成星系）开始，我们可以回到过去，并推断出所有物质最初一定是被挤压到一起的。宇宙过去一定是一团炽热的、几乎完全均匀的基本粒子

"汤"，我们将其中的物质称为等离子体。

　　等离子体只是几乎完全均匀，这一点很重要。等离子体中存在一些小团块，其密度比平均密度稍微大一些，而其他区域的密度则稍小一些。但是引力会使物质聚集起来，也就是把小团块变成大团块。虽然听起来有些不可思议，不过等离子体内部极其细微的不规则现象在长达数十亿年的发展之后，形成了整个星系。而我们今天所观察到的星系分布，可以通过演化规律直接推导出早期宇宙中等离子体内部小团块的分布。因此，只要往回拖演化规律的进度条，我们就可以利用今天对星系的观测结果来推断当时等离子体中的小团块应当是什么样的，推断它们有多大，以及它们彼此之间的距离有多远。

　　星系的分布并不是我们唯一可以用于推断等离子体内部情况的观测数据。等离子体中密度稍高的区域温度也较高，而密度稍低的区域则温度更低。由于等离子体的平均密度非常高，因此它是不透明的，这意味着光在发出后几乎会被立即吞噬。随着等离子体密度逐渐下降，基本粒子终于可以结合起来，形成第一个小原子核。几十万年之后，当等离子体冷却到一定程度后，原子核开始将电子束缚在自己周围，这一过程叫作复合①。在此之

---

① 考虑到这可能是原子核与电子的第一次结合，为什么这样的过程会被称为复合（recombination）而不是结合（combination），这是科学术语命名问题中数不清的谜团之一。我觉得最接近答案的猜测是，这个术语是从原子物理学中借用的。在原子物理学中，等离子体首先要加热，然后才能冷却和复合。由于结合能太高，"复"与"合"这两个字便紧紧相连在了一起。

后，光不再会被吸收，复合时期的光自由地穿梭在不断膨胀的宇宙间。

随着宇宙的膨胀，光的波长被拉伸，于是其振动频率降低。由于频率与光的能量成正比，而平均能量又决定了温度，于是光的温度逐渐下降。这一时期产生的光一直存续到现在，只是其温度已经降至 2.7 开尔文（高于绝对零度 2.7 摄氏度）；它构成了如今的宇宙微波背景辐射。这个名字来源于其大约 2 毫米的波长，属于电磁波谱中微波的波长范围[①]。

然而，天空中各个方向的宇宙微波背景辐射温度并不完全相同。其平均温度是 2.7 开尔文，但各个具体区域的温度会在这个平均值附近上下浮动，幅度大约在 10^{-6} 这个数量级。这意味着某些方向的光会稍微热一些，另外一些方向的光则稍微冷一些。宇宙微波背景辐射中的这些温度差异也可以追溯到宇宙早期等离子体内部的密度差异。

重要的是，早期宇宙等离子体的初始条件与两项观测数据都吻合：星系的空间分布以及宇宙微波背景辐射中的温度波动。因此，宇宙学的协调模型简化了我们收集的数据：它解释了为什么两种不同类型的数据会以非常具体的方式组合到一起。虽然你可以为任意演化规律设定一个相应的初始条件，使其计算结果与我们的观测结果相符，但是这往往需要你在初始条件中添加大量信息，才能使二者恰好保持一致。但相反，无论是在动力学定律

---

① 这比微波炉所使用的波长要短得多，家用微波炉中的微波波长大约是 10 厘米。

还是在初始条件中，协调模型都不需要输入太多信息就可以解释几种不同的观测数据。它可以令很多事物相洽，用上一小节的话来说，它的解释力很强。

我选择了星系分布和宇宙微波背景辐射这两个特定的观测结果，是为了解释为什么说协调模型是一个质量上乘的解释。除此之外也有其他与这一解释相符的数据，比如化学元素的丰度和星系形成的方式。这些观测结果进一步巩固了协调模型的地位。

协调模型是一个相当成功的科学理论，它虽然很简单，但是却可以合理地解释大量数据。目前与我们收集到的数据吻合度最高的结果是，宇宙的所有物质中大约只有 5% 是由与我们相同的成分构成的；26% 是散落各地的**暗物质**，它们是不可见的；剩下的 69% 则是**宇宙学常数**中的**暗能量**。

那么大爆炸与这个模型相容吗？大爆炸指的是假想中宇宙起源的一瞬间，所以它应该发生在我们先前讨论的热等离子体阶段之前。单纯从数学的角度上讲，在发生大爆炸的时候，宇宙的密度一定是无限大的。然而，密度无限大在物理上没有意义，所以这可能表明，爱因斯坦的广义相对论在密度极高的条件下失效了。因此，当物理学家提到"大爆炸"的时候，他们所说的通常不是数学上的奇点，而是未来或许能发现的更好的时空理论中，取代这个奇点的概念[1]。

---

[1]　一些物理学家和科技传播工作者会使用"大爆炸"这个词来指代宇宙开始膨胀之后的一段时间。在这种情况下，大爆炸就与最初的奇点无关了。这已经并将继续引发理解上的混乱，所以我不会依照这种方式来使用该术语。

不过, 大爆炸并不是协调模型的一部分, 因为没有任何观测数据能让我们知道在如此久远的时间之前发生了什么。问题是, 如果我们继续向前倒推方程的话, 等离子体的密度和温度会继续增加。最终, 早期宇宙等离子体的温度和密度将会超过我们在世界上最强劲的粒子对撞机中制造的等离子体。在超出对撞机能力上限的能量下, 我们就不知道物理过程是什么样的了。我们从来没有测试过这种状况, 也没有从观测结果中找到过这种条件。即使在恒星内部, 温度和密度也不会超出我们在地球上能够产出的最大值。现在我们所知的唯一能产生更高密度的自然变化是恒星坍缩成黑洞的过程, 但是很可惜, 我们无法观测这一过程的具体情况, 因为坍缩隐藏在黑洞视界的后面。

这可不是我们认知范围内的一道小小缺口。大爆炸的能量至少比我们目前为止收集过可靠数据的最高能量要高出 15 个数量级。当然, 我们还可以猜测, 而物理学家也曾大胆地猜测过。

最直接的猜测就是假设协调模型的演化方程保持不变, 然后我们就可以继续将进度条往回拖到没有观测数据支撑的范围内。但是 15 个数量级的差距犹如天堑, 这种程度的猜测相当于根据脱氧核糖核酸 (DNA) 链尺度的情况来推算地球半径尺度的情况, 装作二者之间没有什么太大的差异。这种推断无疑是经不起推敲的, 在任意条件下进行这样的操作, 都会导致方程走向绝路, 并最终得出大爆炸的结果。这真是令人索然无味。

然而, 由于缺少观测数据来给这种时间上的回溯施加限制, 所以物理学家在计算更早期的宇宙时反倒可以自由地修改方程式，并编造出其他可能会发生的令人心潮澎湃的故事。这就有意思多了。比如，物理学家通常会假设，在密度增加到超出目前的实验能达到的上限后，自然界的基本作用力最终会合而为一，这就是所谓的大统一。没有任何证据表明这样的事情发生过，但许多物理学家都支持这一观点。此外，他们还提出了数百种不同的方法来改进演化方程，我不能将它们一一列举出来，但是会在下面简要陈述其中呼声最高的几个。

暴胀

根据**暴胀**理论，宇宙是由一种叫作**暴胀子场**的量子涨落创造出来的。这里的"场"与粒子不同，它渗透在空间和时间中，无处不在。量子涨落的出现意味着，这种开天辟地的事件即便在真空中也会发生。宇宙最初只是一片真空，突然间出现了一个带有暴胀子场的泡沫，并且这个泡沫开始不断膨胀。暴胀子场使宇宙经历了一段指数级的高速膨胀——这也是为什么我们称之为"暴"胀理论。然后，物理学家推断暴胀子场衰变为我们今天依然可以观测到的粒子[①]，在这之后，一切都按照协调模型继续演化下去。

我们没有证据可以证明暴胀子场的存在，也没有证据可以证明今天所观测到的粒子产生于暴胀子场的衰变。一些物理学家

---

① 其中也包括构成暗物质的假想粒子。

声称，暴胀理论所做出的预测可能会被不久之后的观测数据证伪。你当然可以灵活地调整暴胀子场的性质，使其与后续的观测结果相匹配，但这也将意味着该假设没什么解释力。暴胀理论物理学家受到追捧的原因是，他们认为它可以简化初始条件，但抛开这一说法存在争议不谈，这种简化是以演化方程的复杂化为代价换来的。[3]

暴胀子场让宇宙从真空中诞生，有些人称之为"无中生有"的创造，比如物理学家劳伦斯·克劳斯在《无中生有的宇宙》(*A Universe from Nothing*)这本书里就采用了这样的描述。[4]然而，量子真空并非真的空无一物，它绝对是一种具有特殊数学性质的东西。此外，在一般的暴胀理论中，空间和时间早在我们的宇宙诞生之前就已经存在了，因此，这显然不是真正的无中生有。

新的作用力

物理学家目前认为存在四种基本力：引力、电磁力、强核力和弱核力。我们所知道的所有其他种类的力，包括范德瓦尔斯力、摩擦力、肌力等，都来自四大基本力。物理学家将假想中新的作用力称为第五种力。这个名字目前并不特指任意一种力，而是泛指由于不同原因而猜想出来的很多种作用力，其中有一种力改变了早期宇宙的假想条件。

我选取其中一个来进行说明，这是一种存在于早期宇宙当中的豆寄生场(cuscuton field)所生成的力。虽然后来这种力消失了，但在当时，它可以让波动以超出光速的速度传播。[5]豆寄生场的名字并非源自北非传统食物古斯米（couscous），也非来自生活在澳大利亚东北部的有袋动物斑袋貂（cuscus），而是来自旋花科植物中的一个名为菟丝子（cuscuta）的属，其别名为豆寄生。这种寄生物会攀附在植株和灌木上，看起来有点儿像毛茸茸的绿色假发。菟丝子几乎只会出现在热带和亚热带地区，所以我此前几乎从未见过这种植物。而豆寄生场之所以以此命名，是因为这个场就像这种寄生性植物一样，会随着协调模型的动力学定律一同"生长"。

豆寄生场产生的力会使宇宙中的物质分布呈现出与暴胀理论指数式膨胀之后相类似的结果，并且它也面临着同样的问题：对现有的观测数据来说是不必要的，同时也没能简化协调模型。

豆寄生场是在 2006 年被首次提出的，不得不说，这是一个相当小众的观点。我在这里专门提到它是因为，就目前的观测结果而言，豆寄生场和暴胀没有什么区别。[6]这充分说明了我的观点，即这些假设都在含糊其词，并且把一个简单的故事变得更复杂了，而这与科学理论的使命是背道而驰的。

反弹与循环

这一类理论认为，我们的宇宙在当前的膨胀之前经历过收缩的阶段，从而把"大爆炸"替换为"大反弹"：他们认为早期宇宙是在经历过一段平稳的过渡之后发展成今天这副模样的。在一些此类理论的变体中，我们的宇宙最终会在下一次反弹中迎来自己的结局，而这样的过程会无限循环下去。这种循环有很多种版本，它们的差异仅仅在于在大爆炸的奇点附近如何调整演化方程。

时下最为风靡的循环模型是罗杰·彭罗斯提出的"共形循环宇宙"以及最初由贾斯廷·库利（Justin Khoury）与其合作者共同提出的"火宇宙"理论。彭罗斯把宇宙的后期阶段和下一个宇宙的早期阶段联系在一起，而库利和他的朋友们则认为宇宙是在高维度表面的异次元碰撞中诞生的，而这种碰撞可以反复发生。在一些旨在统一引力和量子力学的方法（比如圈量子宇宙学）中，也会出现一些不会循环往复的大反弹。

你可能已经猜到了，这些观点的问题在于，它们没有解释力。它们无法简化针对任意观测结果的计算，反而让事情变得更复杂了，而且，有没有什么观测结果可以独一无二地归因于其中某个理论，是需要打一个大大的问号的。

无边界假设

为了避开大爆炸的奇点，无边界假设将早期宇宙之外的时间替换成了空间。我之所以要说宇宙"之外"，是因为在时间还不存在的情况下，"之前"这个词没有什么意义。你可以想象在纸上画一个圆圈，然后用它来指代我们所知道的宇宙。圆圈之内存在空间和时间，而圆圈之外的区域则没有时间。它并非位于任何事物之前，而是处在所有事物旁边。在无边界假设中，我们的宇宙就像这样嵌入空间里。

这个观点最初是由史蒂芬·霍金和吉姆·哈特尔（Jim Hartle）提出的，但最近在某些圈量子宇宙学的理论中也出现了去除时间的想法。这与将时空量子化的方法是一样的，而根据一些人的说法，这也有可能会引起宇宙反弹。这种模棱两可的情况并不仅仅是因为数学很难（尽管的确很难），而且因为物理学家可以通过很多种不同的方法把灵感转化为数学运算，但是我们没有任何数据来确认究竟哪种方法才是正确的。

就像其他关于早期宇宙的理论一样，该理论也是采用了一个不同的方程来取代原本的演化方程。无边界假设和其他描述早期宇宙的理论一样：它对解释现有的观测数据来说是不必要的，并且无法简化协调模型，同时它的预测还有些含糊不清。

几何发生学

几何发生学（Geometrogenesis）的思路是，空间随着宇宙一同诞生。在这种方法中，科学家通常会将宇宙诞生前的阶段描述为某种网状结构，其包含的连接实在太多，以至于无法对其进行有意义的几何解释。然后，这个网状结构会随着时间或温度的变化而变化，最终呈现出规则的、与爱因斯坦理论描述的空间相类似的几何形状。[7]

几何发生学的灵感来自这样一个现象：每一种在我们眼中平滑连续的表面，比如纸张和塑料，一旦你仔细观察的话，就会发现它们实际上是由更小的东西组成的，而这些表面之上也包含数不清的孔洞。几何发生学的问题也是一样，它对解释我们收集到的所有观测数据来说都不是必要的。不过它依然用故事填补了我们知识的空白，因为科学家不愿意接受"我们不知道"这样的答案。

。　。　。

必须澄清的是，我并不认为这些模型一无是处。物理学家应该都读过卡尔·波普尔①的著作，而他们也通常都会试图预测一些东西。问题在于，模型是可塑的，如果出现了和预测不符的观测结果，他们可以通过修改模型轻而易举地做出补救。如果一个物理学家对波普尔之后科学哲学有所了解，他就会发现这样做是有问题的，但是他们没有。因此，我们现在有数百个关于宇宙起源的故事，但其中没有一个能真正帮助我们解释清楚哪怕一条观测结果。

我的目的并不是要诋毁宇宙学。好吧，可能我的态度确实有些轻蔑，但是不要忘了，我们正是从宇宙学的研究中了解到了一些有关宇宙的真正惊人的信息。一个世纪以前，我们既不知道除了我们的银河系之外还有其他星系，也不知道宇宙正在膨胀，我当然不会轻视这些成就。我也不想说宇宙学已经走向末路，虽

① 卡尔·波普尔提出了著名的证伪主义，即科学理论不能被证实，只能被证伪。——译者注

然协调模型已经是目前最好用的宇宙模型，但我几乎可以肯定它不会是最终的结论。可以预见的是，在未来很长一段时间里，我们收集到的数据会越来越好。这将给一些模型判处死刑（也许协调模型也会是其中一员），之后会有人提出并建立起解释力更强的新模型。这些更加优秀的模型很有可能会将时间回溯到比协调模型更早的时候。

然而，宇宙学研究受到两个问题的困扰。首先，包括我已经列出来的以及你可能听说过的许多其他假说在内，所有这些关于早期宇宙的假说都是纯粹的猜想。它们都是用数学语言书写的现代创世神话，不仅没有证据支撑，而且很难想象有什么证据可以彻底平息争论、决出胜者，因为这些假设都极其灵活，可以合理地接纳我们扔给它们的所有数据。

其次，在解释早期宇宙时，物理学家面临着一个可能无法克服的基本问题。我们目前所有的理论都依托于简单的初始条件，这没有什么可选择的余地，它是我们做出有效解释的前提条件。假如你一定要选择复杂的初始条件，那么即便是最简单的演化规律也无法使你的理论具有解释力。如果宇宙所经历的早期阶段比形成星系的热等离子体更难描述，那么我们的一整套科学方法就不再奏效。哪怕这个假说是正确的，我们也没有理由在一个简单的故事之前添加一个更加曲折的故事。

我能想到的唯一打破僵局的方法，就是开发出不需要初始条件，而是同时适用于所有时间节点的理论。目前还没出现过这样的理论，所以这也只是纯粹的猜想。

最后……

如果我们用现有的宇宙学理论去推断遥远的未来，那么用两个字来概括的话就是"黑暗"。在大约 40 亿年后，与我们相邻的仙女星系将会与银河系相撞。我们的太阳将会在大约 80 亿年后耗尽它的核燃料并燃烧殆尽，这也是其他所有恒星的结局。随着物质逐渐冷却和聚集，它们中的大部分最终都会落入黑洞。宇宙的膨胀会越来越快，其他星系会离我们越来越远，这会让我们越来越难以看清它们散发的微弱光芒。夜空将会变得暗淡无光。

但是到那个时候，人类早已不复存在。宇宙只能在目前我们所处的这个幸运且有限的时间窗口内提供适合生命生存的条件。不管你如何灵活地调整对于生命的定义，这一事实都不变，因为生命需要能量，而能量的耗尽是不可避免的。即使我们可以想象出与我们自己相差很大的生命形式，比如弗里曼·戴森（Freeman Dyson）猜测星际气体云中也有可能形成生命，但它们最终都会受限于同一个问题：生命需要变化，变化则需要自由能，而能量的供应是有限的。换句话说，熵不会减小，我们将在第 3 章详细讨论这个问题。现在，让我们带着批判的思维，看看我们应该在多大程度上相信这些对于遥远未来的推断。

首先需要说明的是，我们并不知道自然规律能否一直保持不变，也许它们明天就变了呢。不过在科学领域，我们通常默认自然规律不会突然发生改变。

在 18 世纪，大卫·休谟为此提出了归纳问题：我们在从过去的观察中推断未来事件的概率时，一般会默认自然在其发展的进程中是一致、恒定且可靠的。自然规律不会突然改变，否则它就不会被唤作"规律"了。[8]

但是，自然始终如一的假设可能是错误的。伯特兰·罗素在出版于 1912 年的《哲学问题》一书中，把休谟的观点比作一只鸡对农场生活规律的推断。每天早上 9 点，鸡都能得到喂食，雷打不动，直到有一天，农场主把它宰了。"如果关于自然一致性的思考能够更加细致的话，想必这只鸡会受用无穷吧。"罗素若有所思地写道。[9]

休谟在 18 世纪提出的问题直到今天依然没有解决，而且可能永远也无法解决。自然的一致性本身当然是基于过去观察结果的一种期望，但我们并不能用一个假设来证明它自己。想要预测不会发生什么不可预测的事情，这是不可能的。

你会不会觉得用数学来描述自然法则可以解决问题？很抱歉，这没什么用。我们很容易提出一些数学定律，它们看起来与我们目前已经证实的其他规律没有什么区别，但是明天就会把整个太阳系炸翻天。这并不是说有什么东西可以支持它，但也没什么东西可以反对它。一只更聪明的鸡也许可以推断出农场主的意图，但它仍然无法推断出它的推断是否正确。

这是怎么回事？在维基百科 97% 的词条中，如果你点击第一个链接，并且在随后的每个词条里都重复这一操作，那么你最终就会看到一个关于哲学的条目。[10]哲学是我们全部知识的归宿，科学方法也不例外。科学方法有效吗？有效。那它们为什么有效？从根本上，我们不知道。因为我们不知道它为什么有效，所以我们不能确定它会一直有效下去。

那我们到底为什么要做科学研究呢？在宇宙随时有可能分崩离析的情况下，我们为什么还要忙活这些事情呢？第一次接触到休谟的归纳问题时，我还是一个本科生，当时我深感困惑。我觉得有人把我脚下粉饰太平的地毯拉开了，露出了巨大的虚空。为什么没有人提醒过我要注意这一点？

但我旋即想到："那又有什么区别呢？"自然规律要么继续像往常一样保持不变，要么会陡生变故。如果它们继续保持下去，那么科学方法将会为我们保驾护航，帮助我们决定怎么做才能解决我们的需求。而如果规律发生变化，那我们也无能为力，也不会有任何预案能让我们做好准备，所以为什么要花费心思去考虑这件事呢？我把地毯铺了回去，地毯下面依然是虚空，但是我可以接受。我想我注定不是一块当哲学家的材料。

我对有关宇宙消亡的恐怖故事抱有同样的想法。如果我们对此无能为力，那么徒增烦恼也毫无意义。

举个例子，宇宙可能随时都会经历自发的真空衰变，这意味着真空可能会突然分裂成不知道从哪里冒出来的粒子。如果发生这种情况，那么大量能量就会被释放到之前空荡荡的空间当中，所有物质都会一瞬间被撕碎。我们不能排除这种可能性，因为观测结果只能表明目前为止还没有发生过真空衰变。这也意味着我们无法区分真正稳定的真空和可以长期保持稳定的真空（或者用物理学家的话来说，亚稳态真空）。这种对真空状态的期望类似于罗素的鸡对食物投放的期望。

夜光贴纸就是一个亚稳态的例子。它们所使用的涂料含有能发出磷光的原子，如果你把光照射到这些原子上，它们就会把电子移动到更高的亚稳态能级，从而暂时性地把光储存起来。当电子衰变到较低能级时，原子再次以光的形式释放能量，于是夜光贴纸就会发光。

像那些可以发出磷光的原子一样，我们的真空也有可能发生衰变。由于这是一个量子过程，它并不会缓缓地拉开帷幕，让我们可以看见它的到来。它只是在一定的时间内有一定的概率发生，并且事先不会有任何警告。

真空是否会衰变取决于几个参数，而我们目前还不知道它们的具体数值。目前最准确的估计是，宇宙确实可能会衰变，但它的平均寿命大约是 10^{500} 年。这个数字实在太大了，我们甚至没有为它设计过名称。但这只是平均寿命，并且只意味着真空衰变在比这个数字小很多的时长内发生的可能性很小。真空确实有可能会很早就发生衰变，只是概率极低罢了。

不过在我看来，这种估计以及其他类似的估计都是没有意义的，因为推测它们所需的物理量大约要精确到 10^{-35} 米，而我们目前设计最精良的实验只能达到大约 10^{-20} 米的精确度，距离目标还差十几个数量级。[1]如果在这个差距范围内还有什么我

---

[1]　10^{-35} 米的距离就是所谓的普朗克长度，量子引力可能在这个尺度上会变得非常重要。10^{-20} 米是目前世界上最大的粒子对撞机——欧洲核子研究中心的大型强子对撞机所能探测到的极限。

们不知道的事情（我们有很充分的理由可以肯定这一点），那么我们的推测就是错误的。因此，简而言之就是"我们不知道"。

类似的思考也适用于其他有关宇宙末日的故事。我们当然可以利用已知的自然规律进行外推，这个过程相当有趣。但即使不考虑归纳问题，我们也应该明白，时间尺度越大，我们的预测就越不准确。即使有任何我们目前为止还没有观测到的非常缓慢或者非常罕见的物理过程，它们也有可能在遥远的未来变得意义重大。

例如，许多物理学家猜测，作为原子核组成部分之一的质子可能是不稳定的，但它的寿命太长了，以至于我们目前还没观测到质子的衰变，所以我们无法确定它到底稳不稳定。黑洞的蒸发也非常缓慢，以至于我们无法对其进行测量——它有可能根本不会发生，因为我们也无法获得证据。

我们也不知道在遥远的未来暗能量会变成什么样。我们还没有发现它的数量发生变化的证据，但是如果这种变化非常缓慢，那我们也测量不出来。然而，哪怕暗能量数量的变化极其缓慢，它也会对宇宙的膨胀速率产生巨大的影响。事实上，在大约 50 亿年前——那时我们的地球还没有诞生，但其他星球上可能已经出现了生命——暗能量的数值有可能小到测不出来。在那时，暗能量的影响比现在小得多，还不足以导致宇宙膨胀加速。

劳伦斯·克劳斯曾开玩笑说，他只预测未来数万亿年后的事情，因为没有人能检验他的预测是否正确。在我看来，更可靠但不那么有趣的预测是，为了防止自己预测失败，克劳斯肯定不会傻站在原地等待结果。无论如何，你都不应该相信物理学家关于宇宙毁灭的预言。你还不如找一只果蝇问问明天的天气预报。

小结

我们通过简化来改进科学理论。但关于早期宇宙，我们简化解释的程度可能是有上限的。因此，我们可能永远无法判断，有关宇宙起源的众多备选理论中究竟哪一种才是正确的，这就是有关宇宙起源的理论发展的现状。对于宇宙可能会以何种方式走向终结，问题在于我们观测不到那些极为罕见或极为缓慢的过程，因此对它们一无所知。所以不要把这些故事太当真，但如果你选择相信其中的某一个，那也请自便。

数学就是一切吗？

——蒂姆·帕尔默访谈录

2018 年秋天，我意外收到了位于伦敦的英国皇家学会的邀请，他们邀请我前去参加一场主题为人工智能的餐会。我查询了一下发信人（也就是皇家学会当时的代理主席）的信息，发现他是一位诺贝尔奖得主。因为我对人工智能的了解仅限于知道它的缩写是AI，所以我以为这封邀请函发错人了，便没有回复。

几个星期以后，我又收到了一条礼貌的提醒，询问我为何没有回复。我回信说他们找错人了，然后得知他们确实希望我能参加。我本想拒绝，但盘算了一下："这是一趟免费的伦敦之旅，还有一顿丰盛的晚宴。"谁会拒绝这样的好事呢？

次年 2 月的一个晚上，在皇家学会的大楼里，我坐在一张椭圆形的大桌子前，感觉自己与身边这群顶着各种头衔和奖项的人格格不入。我尴尬地坐下后，坐在我旁边的一位英国绅士自我介绍说，他是一名气象学家，之所以参加此次餐会是因为，他在牛津大学的团队运用人工智能来研究云层。他的名字叫蒂姆·帕尔默，他作为政府间气候变化专门委员会的一员获得了 2007 年诺贝尔和平奖。

我当时并没有反应过来，其实那之前一年左右，这位蒂姆·帕尔默曾给我发过一封电子邮件，我当时还跟我丈夫开玩笑说，现在连气象学家都在思考要如何彻底改变量子力学了。那天的晚宴结束后，蒂姆再次试图找我讨论量子力学中的自由意志。而我借故离开了，将他一个人冷落在伦敦寒冷、漆黑的街道上。

但事实证明，蒂姆·帕尔默不是一个轻言放弃的人。他不断给我发来有关自己修正量子力学的最新进展，而我则尽量不去理会他。要不是几个月后，我的一篇文章需要采访一位气象学家，可能我们之间就不会再有什么联系了。

一年之后，我们一起撰写了一篇论文，发表了一篇科普文章，并且还录了一首歌。事实证明，蒂姆和我在基础物理学缺乏进展这方面各自得出了类似的结论：我们都把矛头指向了物理学家对**还原论**的过度依赖。还原论认为，我们可以通过逐渐拉近观测的距离来获取对自然更加深入的了解。由于本书主要讨论的就是关于我们真正掌握了多少以及我们究竟能掌握多少的问题，所以我再次登门拜访，这次蒂姆接受采访的地点是他位于牛津大学的办公室。

○　○　○

走进蒂姆的办公室后，映入眼帘的是一个硬纸板做的爱因斯坦，它靠在一块白板上，白板上潦草地写着纳维-斯托克斯方程——这是描述大气湍流的数学公式。蒂姆对将时空几何与混沌理论融为一体的果壳[①]之热情可见一斑。在他的办公桌后面还摆放着一面欧盟的旗帜，它低垂下来，好像在为英国脱离欧盟而默哀。

我在抛出第一个问题之前踌躇了片刻，因为科学家总会在听到这个问题后向我投来奇怪的目光。尽管如此，我认为这一问题还是很有必要的，于是我开口问道："你有宗教信仰吗？"

"不不，我没有信仰。"蒂姆摇了摇头，连忙说道，他那爱因斯坦般的头发也随之摆动起来。随后他又补充道："虽然我不信教，但我对那些坚称自己可以证明上帝不存在的人有些抵触。"他对理查德·道金斯这样的科学家颇有微词，那群人把所有宗教人士都描绘成愚蠢、无知或者又蠢又无知的形象。我知道有不少科学家都是这样。

蒂姆继续说道："这让我感到困扰的原因在于，我知道美国有很多神创论者，他们长久以来声势浩大，但你也要知道，许多传统的穆斯林家庭也有这种神创论信仰。我在天主教文化的环境下长大，所以我知道科学当中的某些元素正在攻击一部分的传统文化。让我感到不安的是，这种针对神创论的态度可能会让那些传统文化中原本可能从事科学工作的年轻人对科学唯恐避之不及。"

---

① 　典出莎士比亚《哈姆雷特》："即使我身陷果壳之中，仍自以为是无限宇宙之王！"霍金《果壳中的宇宙》一书的书名同样来自该典故。——译者注

"所以我试着这样思考：'我们能不能想象出一种让上帝在6 000年前创造了整个宇宙这样的信念，而这既不完全违背我们对于科学的理解，也不那么愚蠢的情况？'"

我同意蒂姆的观点，科学家有时会越过他们学科的界限。当然，一些宗教信仰的描述与已经发现的证据并不相容，例如人类并没有和恐龙一起在地球上生活过，在公共场合性交也不会增加香蕉的产量[1]。但是科学是有局限的，与其像劳伦斯·克劳斯那样宣称宗教教育是"虐待儿童"[2]，我觉得倒不如大大方方地承认科学与许多传统的神圣信仰是兼容的。

蒂姆继续阐述他的观点："我们普遍接受的观点是，宇宙形成于6 000年前的想法是极其愚蠢的，因为我们知道地球年龄高达数十亿年，而恒星的历史比地球更为悠久，各种各样的证据都清楚地表明，宇宙的历史远远超过6 000年。"

"但是后来我开始思考：'创造（creation）这个词究竟是什么意思？'例如，我们先来看看原子是如何创造出来的。原子是什么？目前我们在科学上可以用方程式来描述原子，无论你想知道关于原子的哪一方面特性，都可以通过已知的数学定律，从方程式中推导出来。但是数学并不能告诉你原子是什么。原子只是数学吗？数学就是全部吗？还是说存在某种物质或是其他什么东西，可以让事物变得真实，而不仅仅只是现代科学准则的一部分？

"答案是，谁也不知道。霍金在他的《时间简史：从大爆炸到黑洞》一书中提出了一个著名的问题：'是什么赋予方程式以生命，并创造了这个由方程式所描述的宇宙？'³也许我们周围的宇宙中有一些东西不只是数学。"

"我倒不是有多推崇这样的观点，"蒂姆强调了一下，"不过你可以说上帝用数学创造了宇宙。数学会描述尘埃团如何聚集在一起，让温度变得足够高，从而启动了核聚变，开始产生能量、化学元素，等等。所有这些都只存在于数学运算中。直到6 000年前，上帝开始感觉这样的计算有些枯燥乏味，'我现在要造些真的物件出来！'于是他挥了挥魔杖，然后真实的东西就出现了。

"我在想：'科学要如何应对这样的状况？科学可以分辨前创世时代和后创世时代吗？'答案是不能。化学的基础是物理学，而物理学的基础是数学，所以仅从科学的角度，我们找不到什么东西来描述创世的那一刻。"

"所以我就开始思考，如果有人从小就相信上帝创世发生于几千年前，那么所有问题就迎刃而解了。6 000年前，上帝创造了宇宙，而在此之前，宇宙万物都只是几条数学方程。这并不是不科学的，它并不违背我们目前的科学用语，我更喜欢用"无关乎科学"这样的表述。科学对此不置可否，至少目前是这样。这个世界上有很多我们完全不了解的东西，这就是其中之一。数学到底只是描述世界的工具，还是它就是世界本身？我们可以对此展开辩论，但我们无法站在科学的立场上对此发表任何看法。"

我请蒂姆举例说明，我们还可以在哪些领域用信仰来填补科学知识上的空白，他提到了大爆炸。"在这种情况下，我们无法辨别上帝式的回答和科学式的回答。除非我们找到一个更好的理论，里面包含了宇宙距今更久远的时期。"

当然，他也在构思自己的理论，这一理论摒弃了物理学家目前对于初始规律和微分方程的划分。相反，蒂姆认为，无论在什么情况下，我们都应该使用整个宇宙中的物质排列来描述宇宙和宇宙中的一切。这种排列的几何形状可能会带来新的洞见，让我们了解粒子结构存在哪些可能，以及它们重复出现的可能性有多大。

这个想法使蒂姆提出了宇宙无始无终的理论。在他的理论中，自然规律的永续结构是一种数学上的分形，具有无穷变化的模式，其中大尺度结构与最小尺度下的结构相似，但不会完全重复。在这种分形中，我们的宇宙经历了无数个相似的时代，但是从来不会原模原样重来一遍。宇宙过去一直如此，并将永远这样持续下去。

"我这样做不是为了摆脱上帝，"蒂姆说，"宇宙就是这样演化的，这是通过物理学的方法推导出来的。你自己计算一下就知道了。"

"所以你觉得不存在什么大爆炸，而是宇宙一直处于循环之中？"

"嗯……"他想了想，"循环这个词包含了'重复'的意思，我不同意这种说法。在某种意义上，这是一种循环：从大爆炸到大挤压，然后回到大爆炸，之后又是大挤压……以此类推。但我认为这是状态空间中的路径——状态空间中的每个点都是宇宙的一种构型，因此这是一个非常高维的空间。你可以在状态空间中画出这个多阶段宇宙的路径，而理论告诉你，该路径包含在状态空间的有限区域之内，并且它是分形的。如果将宇宙整体作为一个混沌动力系统来看的话，这就是你所期望的结果。如此一来，在过去或未来有可能存在一个与当下非常相似的宇宙。我经常这样想：如果你为自己做出的一个决定感到痛苦，你有可能会反问自己'我为什么要那样做？'，那现在看来你可以不用担心了，因为之后你总会在某一个阶段的宇宙面临同样的情况，到那时你一定会做出正确的决定。"

"这可说不准，也许将来你会做出更糟糕的决定。"我打趣道。

他点了点头，脸上却没有一丝笑容。"你可能会做出更糟糕的决定，但我想到的另一件事是，如果你失去了一位朋友，这可能并不意味着你永远失去了这个朋友。他们可能会在未来某个阶段的宇宙中重新回到你身边。"

我知道这听起来很疯狂，但是这与我们目前所掌握的一切并不冲突。

小结

我们用数学来描述我们观测到的东西，但我们不知道为什么有的数学可以描述现实，有的则做不到。所以我们可以将宇宙起源的瞬间归为能够用来描述我们观测到的结果的数学诞生的那一刻，这正是数学成为现实的时刻。这样的创世事件在构造上是不可观测的——否则我们早就可以用数学来描述它了——因此它与数学是相容的。

为什么我们不会变得更加年轻？

最后的问题

在艾萨克·阿西莫夫 1956 年的短篇小说《最后的问题》（*The Last Question*）中，一个叫亚历山大·阿德尔的人在喝了酒之后，对宇宙的能源供应感到十分担忧。他的理由是，虽然能量本身是守恒的，但有用的那部分能量将不可避免被耗尽。物理学家将这种能带来变化的有用的能量称为自由能，这种能量是用来抗衡熵的量。随着熵的增加，自由能减少，变化也就不再发生。

在阿西莫夫的故事中，醉醺醺的阿德尔希望打败热力学第二定律，该定律宣称熵不会减少。他走向一台功能强大的自动计算机"穆尔蒂瓦克"（Multivac），问道："如何才能使宇宙的总熵大幅度降低？"穆尔蒂瓦克顿了顿，答道："数据不足，无法作答。"

　　你们可能不太知道阿德尔所担忧的热力学第二定律的具体内容，但是八成听说过这条定律的名字。这是我们在婴儿时期最先学到的事情之一：大部分东西都会损坏，而且有些东西坏了之后就无法再修复。会遭受这种悲惨命运的不只是妈妈最喜欢的杯子，你的车、你自己，甚至整个宇宙……一切事物最终都会损坏，而且无法修复。

　　生活经验告诉我们，事物的破损是不可逆转的，但是我们在上一章才刚刚说基本自然规律具有时间可逆性，二者之间似乎存在矛盾。在这种情况下，我们不能仅仅把这种不一致归咎于人类不可靠的感官，因为我们在许多比大脑要简单得多的系统中观察到了不可逆性。

　　例如，恒星在氢分子云中形成，它们会将氢聚合成更重的原子核，并以粒子的形式（主要是光子和中微子）释放出由此产生的能量。当一颗恒星耗尽所有原料时，它就会变暗，或者在某些情况下爆发，变成超新星。但我们从未见过相反的情况。我们从未见过一颗暗淡的恒星在吸收光子和中微子之后将重核裂变成氢，然后再扩散成氢云。自然界中像这样的过程比比皆是：煤的燃烧、铁的生锈、铀的衰变，我们从未见过相反的过程。

　　从表面上看，这一矛盾似乎无法调和。时间可逆定律怎么可能引发我们观察到的如此明显的时间不可逆现象呢？要理解这是怎么回事，需要先明确问题是什么。我刚才描述的所有过程在某种意义上都是时间可逆的，也就是说我们可以从数学上回溯演化规律并恢复其初始状态。也就是说，问题不在于我们不能将电影倒放，而是当我们倒放电影的时候，会立马发现有些事情不太对劲：满地的玻璃碎片跳起来将窗户填满，汽车轮胎将道路上的橡胶颗粒吸附得干干净净，雨伞上的水滴则向上升到空中。数学可能允许这样的过程，但这显然与我们观察到的现象不符。

理论的预期与我们直觉的预期之间存在偏差，是因为我们忘记了解释观测结果所需要的另一个要素。除了演化规律之外，我们还需要初始条件，但并非所有初始条件都是同等的。

假设你现在需要准备面糊，用来烤蛋糕。你把面粉放进碗里，加入适量的糖和盐，也许还有一些香精。然后你又加入了黄油，打入几个鸡蛋，还倒了一些牛奶。现在你开始搅拌，碗里的各种成分很快就会变成一种平滑的、毫无特征的物质。一旦发生这种情况，面糊就不再发生变化了。就算你继续搅拌，虽然分子依然会在碗里来回移动，但平均而言，面糊保持不变。最终一切都混合在一起，而宇宙的结局差不多也是这样：所有物质尽可能地混为一体，总的来说不再发生变化。

在物理学中，我们把总体上不变的状态称为平衡态，我们刚刚搅拌好的面糊就处于这样的状态。在平衡态下，熵达到最大值，换言之，自由能已经耗尽了。为什么面糊会达到平衡？因为这很容易发生。如果你使用搅拌器，它大概率会把鸡蛋和面粉搅在一起，但不大可能将两者分开。即使没有搅拌器，情况也不会有什么不同，因为配料中的分子不会完全静止，只是需要花费更久的时间。[①]搅拌器起到的只是快进键的作用。

其他的过程也是一样的：它们大概率只会朝一个方向发展。当破碎的窗玻璃掉落在地面上时，它们的动量一方面在地面上转化成微小的波纹，另一方面在空气中转化为冲击波，但地面和空气中的涟漪不大可能刚好以特定的方式自发地将玻璃碎片弹回正确的位置。当然，这在数学上是可能的，但是在现实中概率极低，我们从未见过这样的事情。

平衡态是你大概率最终达到的状态，同时大概率达到的状态又是熵最高的状态——这就是熵的定义。因此，热力学第二定律几乎只是同义反复而已。它仅仅说明，一个系统最有可能展现出可能性最大的结果，也就是熵增加。之所以说它几乎是冗余的，是因为我们可以计算出熵和其他可测量的量（比如压力或密度）之间的关系，从而量化并预测系统逐渐弛豫到平衡态的过程。

这些事情听起来好像稀松平常。罐子的破裂不可逆转，因为罐子自身无法愈合。喊，这也算得上是重大发现？但你如果更加深入地思考这个问题，就会意识到一个重要问题。只有在不大可能回到先前的状态时，系统才会向可能性更大的状态演化。换句话说，初始状态一定要处于非平衡态。你能完成搅拌面糊这一工序的唯一原因就是鸡蛋、黄油和面粉还没有达到平衡。你能操作搅拌器的唯一原因就是你和你房间里的空气还没有达到

---

① 这只是理论上的情况。实际上，若想靠分子本身的运动达到平衡态，那鸡蛋早就腐烂了，所以请不要在家里轻易尝试这样的实验。

平衡①，并且我们的太阳和星际空间也没有达到平衡。所有这些系统的熵都远没有想象中那么高，换句话说，宇宙并不处于平衡态。

为什么呢？我们不知道，但我们给它起了个名字：*初始条件假说*（past-hypothesis）。该假说认为宇宙一开始处于一种低熵态，这是一种出现概率极低的状态。[1] 从那之后宇宙的熵就一直在上升，并将继续升高，直到宇宙达到可能性最大的状态，并且总体上不再发生任何变化。

目前，在宇宙的某些地方，熵依然维持在较低的水平——比如你的冰箱里（实际上，我们的地球整体上的熵也不算高）——前提是这些低熵的区域会从其他地方获取自由能。目前地球获得的大部分自由能都来自太阳，有一些来自放射性物质的衰变，还有一些来自平凡而古老的引力。我们利用这些自由能带来了很多变化：学习、成长、探索、建设和维护。也许在未来的某个时刻，我们将成功地利用核聚变创造能源，这将大幅提升我们引发变化的能力。如此一来，假如我们能够英明地利用现有的自由能，就可以尽可能地把熵维持在较低的水平，让我们的文明存活数十亿年。但是自由能最终依然会被耗尽。

这就是为什么宇宙在时间上有一个前行的方向——时间之箭指向的正是熵增的方向，而非相反。熵的增加不是演化规律自身的性质带来的，因为演化规律是时间可逆的。只是演化规律把

---

① 我们在这里假设气温与体温并不一致，如果你和空气达到平衡，你就死了。如果气温恰好与体温一致，那么我要为你的耐热能力鼓掌。

我们从一个不大可能的状态引向了一个可能性很大的状态，并且这一转变发生的可能性很大。如果要朝向另一方向发展，那就要让规律把可能性很大的状态变成不大可能的状态——这（几乎）不可能发生。

那么为什么我们不会变得更加年轻呢？涉及衰老的生物过程以及导致衰老的确切原因仍然是目前科学研究的一大主题，但是粗略地说，我们变老是因为身体内不断积累着很可能发生但不大可能自发逆转的错误。细胞修复机制不能无限制地、完美地纠正这些错误。因此，我们的身体一点一点地缓慢老化——我们器官的运作效率逐渐降低，皮肤的弹性逐渐下降，伤口的愈合速度也逐渐变慢。我们可能会患上慢性疾病、痴呆或癌症。最终，我们的身体会产生无法修复的损坏，某个重要脏器完全衰竭，某种病毒击溃了我们脆弱的免疫系统，或是某个血栓切断了大脑的氧气供应。你可以在死亡证明上找到许多不同的诊断，但它们只是细枝末节而已。真正杀死我们的是熵增。

。　　。　　。

到目前为止，我只是总结了目前接受度最高的有关时间之箭的解释，即它是熵增和初始条件假说共同导致的结果。现在我们要继续深入地考察，其中哪些是我们确切地知道的，哪些则属于猜测。

将宇宙的初始条件设为低熵态的初始条件假说，是我们目前用于描述观测结果时所必需的理论。就目前而言，该假说差强人意，而我们也尚未找出比它更好的解释，现有理论无法回答为什么宇宙的初始状态会是这样的。宇宙一定曾经处于某种初始状态，但我们无法解释初始状态本身，只能检验某个特定的初始状态是否具有解释力，以及它能否推导出与观测结果一致的预测。初始条件假说的好处在于，它能够解释我们所看到的东西。然而，要想用除更早的初始状态以外的任何东西来解释当前的初始状态，我们就需要另一种类型的理论。

当然，物理学家提出过不同的理论。例如，在罗杰·彭罗斯的共形循环宇宙学理论[2]中，宇宙的熵实际上在每一阶段结束时都遭到了破坏，因此下一个阶段的宇宙会从低熵态重新来过。这的确解释了初始条件假说，但也付出了代价，那就是将信息永久地销毁了。肖恩·卡罗尔认为新的低熵宇宙是从一个更大的多元宇宙中创造出来的，而这一过程可以无穷无尽地持续下去。[3]朱利安·巴伯（Julian Barbour）则假设宇宙起源于"雅努斯点"（Janus point）①，时间的方向在此发生了改变，因此实际上有两个宇宙起源于同一时间点。他认为，熵不是一个值得探讨的物理量，我们应该将目光转投向复杂性（complexity）。[4]

我接下来要说什么你可能已经猜到了：这些想法都很好，唯独缺少证据支撑。你尽可以相信它们，毕竟我也不认为有什么证据能证明它们是错的，但是不要忘记，它们只是猜测罢了。

---

① 雅努斯，罗马神祇，具有前后两副面孔，可以同时看向过去和未来，掌管着开始与终结。——译者注

不过我确实非常赞同朱利安·巴伯的观点。这并不是因为巴伯认为时间会改变方向（我对此没有什么特别的看法），而是因为我也不认为熵在描述整个宇宙时有多大作用。要想知道我之所以会这么想的原因，那就得先搞懂我在"总的来说""平均而言"这种模棱两可的表述之下所掩盖的数学。

· · ·

从理论上讲，熵是关于某个系统在保持某些宏观特性不变的情况下可能具有的所有不同构型数量的表述。例如，你可以思考为了得到一团平滑的面糊，有多少种将分子（糖、面粉、鸡蛋等的分子）放入碗中的方法。分子的每一种特定的排列都被称为系统的一种微观状态，而微观状态就是某种构型的全部信息，比如每个分子的位置和速度等等。

另一方面，平滑的面糊即为所谓的宏观状态，也就是我之前所说的不会改变的平均状态。宏观状态可以由许多在某些意义上相似的不同微观状态构成，比如面糊中的所有微观状态就都是相似的，因为所有成分都近似于平均分布。我们之所以会选定这样的宏观状态，是因为我们无法将面糊中一种近乎完全均匀的分布与另一种区分开来。对我们来说，它们看起来都差不多。

鸡蛋、黄油、糖和面粉尚未搅拌开的初始状态也是一种宏观状态，但它与面糊有很大的不同——你可以轻而易举地分辨出搅拌前和搅拌后的状态。若想获得搅拌前的状态，你就必须将分子按照正确的分区放好：鸡蛋分子放在鸡蛋区域，黄油分子放在黄油区域，等等。初始状态下的分子是有序的，而搅拌之后就不再有序了，因此也经常有人将熵增描述为秩序的破坏。

熵的数学定义是一个与宏观状态相关联的数字：构成该宏观状态的微观状态数。如果你能通过许多微观状态得到一个宏观状态，该宏观状态的熵就很高；反之，如果你只能从相对较少的微观状态得出一个宏观状态，该宏观状态的熵就很低。在搅拌后的面糊中，分子是随机分布的，它比最初未经搅拌的面糊具有更多微观状态。因此搅拌后的面糊具有较高的熵，而搅拌前的面糊则具有较低的熵。

为了更加直观地理解熵的概念，我们假设现在只有两种原料，分子数也从 10^{25} 这个量级降低到 36 个，其中一半是面粉，一半是糖。我把它们画在方格里面，其中灰色方块标记的是面粉分子，白色方块标记的则是糖分子（参见图 4）。最初这两种

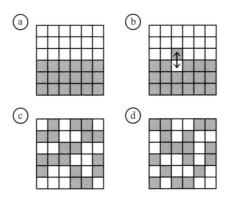

图 4　简化的搅拌模型。灰色的方块代表面粉，白色的方块代表糖。搅拌会随机交换相邻两个方块的位置

物质之间泾渭分明：面粉在下面，糖在上面（参见图 4a）。现在我们可以通过随机交换两个相邻（纵向或者横向均可）方块的位置来模拟搅拌器的作用，我画出了第一步作为示范（参见图 4b）。

如果我们继续这样随机交换下去，分子最终会呈现出随机分布的样子（参见图 4c）。分子不会一直待在同一个地方，而是均匀地混合在一起。进一步搅拌后，它们可能会变成图 4d 的模样。换句话说，大量的随机交换会得到与你把分子随机扔进碗里差不多的平均分布。所以我们不需要考虑搅拌器具体是怎么交换的，只关注初始分布和最终分布的区别即可。

现在我们可以对所谓平滑面糊的宏观状态下一个定义，即代表糖和面粉的方块大致均匀地分布在画面的上下两半，比如有 8~10 个糖分子分布在上半部分（参见图 4c 和图 4d）。重点在于，这一宏观状态下的微观状态数要比最初完全分离的微观状态数多得多。事实上，如果你不区分同一类型的分子，那么初始的微观状态就只有我在左上角画出的这一种，但是最终大致呈现出均匀分布的微观状态则会有很多种。

这就是熵在近似均匀分布的状态下最大的原因，也是这两种物质不太可能重回未搅拌状态的原因——这需要一条非常具体的随机交换顺序。你搅拌的分子越多，恢复原样的可能性就越低。恢复原状的可能性很快就会变得极为渺茫，哪怕你持续搅拌十亿年也几乎不可能看到这种事情发生。

。　。　。

　　既然你已经知道了如何正式定义熵，那我们就仔细研究一下这个定义：熵度量了可以构成某一宏观状态的微观状态的数量。请注意"可以"这个词。系统在某一特定时刻下只会对应一种微观状态，它"可以"处于任何其他状态的说法是反事实的——这里指代的是现实中并不存在，而只在数学上存在的状态。我们将这些状态纳入考虑，仅仅是因为我们并不知道系统的真实状态是什么样。

　　因此，熵度量的实际上是我们的无知程度，而不是系统的实际状态，它量化了我们认为不重要的微观状态之间的差异。我们对于面糊中具体的分子排列方式并不怎么关心，所以我们将其统称为一种宏观状态，并宣称其为"高熵态"。

　　如果你想计算一个系统演化到特定宏观状态的速度，那么这样的推理就很有意义。因此，熵的概念在它被发明的领域中起到了中流砥柱的作用，如蒸汽机、冷却循环、电池、大气环流、化学反应等。日常经验告诉我们，这种推论可以很好地描述我们对上述系统的观察结果。

　　然而，如果我们想要了解整个宇宙的情况，那么这样的推理就显得不够充分了，原因有三。首先，在我看来最重要的原因在于，我们脑海中宏观状态的概念已经暗含了我们所理解的变化过程，因此熵的概念是不充分的。根据我们对宏观状态的定义，即便熵已经达到最高值，状态也依旧会发生变化（即使面糊看起来已经相当平滑，你仍然不断地在碗中搅拌它）。我们认为这些变化无关紧要，但这只是基于我们现有的理论所做出的判断。我们并不知道，一旦未来发展出新的理论，这种情况还会不会继续保持下去。

　　我在图 5 中说明了上述观点。你可以把它们想象成宇宙末日的两种可能的微观状态，10 个孤立的粒子随机分布在空旷的空间里。如果第一个微观状态（左）变成第二个微观状态（右），你不会认为这是一种很大的变化。你会把它们平均化，然后统称为同一种宏观状态。

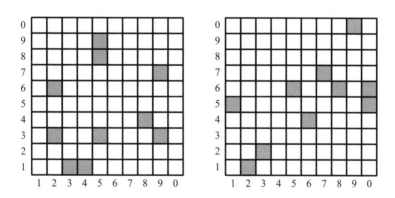

图 5　表面上看起来是非常相似的随机排列，但实际上高度有序，且彼此间差异巨大

　　但是请仔细观察这些粒子在网格上的位置。在左边这张图中，粒子位于（3，1）、（4，1）、（5，9）、（2，6）、（5，3）、（5，8）、（9，7）、（9，3）、（2，3）以及（8，4）这 10 个坐标；在右边这张图中，粒子则位于（0，5）、（7，7）、（2，1）、（5，6）、

（6，4）、（9，0）、（1，5）、（3，2）、（8，6）以及（0，6）这 10
个坐标。对数字足够敏感的人只要看一眼就能认得出，这些坐标
分别是圆周率 π 和欧拉–马歇罗尼常数 γ 的前 20 位。[5] 这些粒子
的分布可能看起来没什么特别的地方，但是有能力掌握排列顺序
的人可以明确地分辨出来，它们是由两种完全不同的算法创造出
来的。

诚然，这样的结构只是特例，它并不适用于我们实际接触
的理论，但它说明了一个总体的观点。在把"相似"的状态放在
一个宏观状态下之前，我们首先要给"相似"下定义。我们需要
从当前的理论中归纳出这一概念，而这些理论又是基于我们眼中
的"相似"而建立的。但是改变相似的定义就意味着改变熵的定
义。借用戴维·博姆（David Bohm）创造的术语来说，为当前理
论所量化的显序（explicate order），可能有一天会揭示出我们迄
今未曾触碰的隐序（implicate order）。[6]

在我看来，这就是热力学第二定律不能被我们用于宣判宇
宙命运的最终结论的主要原因。我们对熵的定义基于我们目前对
宇宙的认知，而我认为这从根本上来说并不一定准确。

对宇宙的熵的讨论持怀疑态度还有两个别的原因。第一，
如果一个理论允许存在无限多的微观状态，那么计算和比较它们
的数量就会变得相当棘手，而这是所有连续场论都会面临的窘
境。虽然在这样的情况下我们仍然可以定义熵，但这个量是否还
有意义就有待商榷了。在无穷大和无穷大之间进行比较通常不是
个好主意，因为其结果取决于你如何定义"比较"，所以得出的

所有结论在物理上都只是无根之木。

最后一个理由是，我们实际上并不知道应当如何定义引力或者时空的熵，但它们在宇宙的演化过程中扮演了最为关键的角色。你可能已经注意到，根据我们目前的理论，宇宙中的物质最开始是近乎均匀分布的等离子体。根据初始条件假说，等离子体一定处于低熵态；但是我之前也提到过，平滑面糊的熵很高。两者之间的矛盾要怎么调和呢？

如果考虑引力使得早期宇宙中极不可能出现几乎均匀的高密度等离子体，那么矛盾自然就消解了。引力会将物体聚集起来，但出于某种原因，物质在宇宙形成初期较为分散，这就是初始状态的熵很低的原因。一旦它随着时间逐渐演化，等离子体就会开始聚集，并形成恒星和星系——因为这些事件发生的可能性很大。这种情况在面糊中不会发生，因为引力在数量如此稀少且密度相对较低的物质当中还不够强。正是引力的作用不同，才使得面糊和早期宇宙处于截然不同的情况，这就是为什么前者具有高熵，而后者处于低熵状态。

然而，为了定量分析这个例子，我们必须理解要如何把熵分配给引力。虽然物理学家已经做了一些尝试，但我们仍然不知道怎样才能做到这一点，因为我们不知道如何将引力量子化。

出于这些理由，我个人认为热力学第二定律很不可靠。如果我们进一步理解引力和量子力学的原理，当下由该定律得出的结论可能会不再有效。

。 。 。

在阿西莫夫的短篇小说中，宇宙逐渐变冷变暗，所有恒星最终都燃烧殆尽。我们所知的生命已不复存在，取而代之的是宇宙意识，即跨越星系、在空间中自由游弋的无实体意识。人们找到穆尔蒂瓦克系列的最后一个且最为强大的版本"宇宙智能电脑"（Cosmic AC），再次问出了如何使熵减少的问题。然而，它再一次冷漠地回答道："数据不足，无法得出有意义的回答。"

在故事的结局中，人类的最后一缕意识也与AC融合在一起，物质与能量都消失了，只有AC存在于"超空间"里。最终，AC完成了所有的计算。

AC的意识包含了曾经宇宙中的一切，在如今的混沌之中沉思，一步一步地贯彻着计划好的程序。然后AC说道："要有光！"于是就有了光。[7]

关于"现在"的问题

爱因斯坦最大的错误不是宇宙学常数[①]，也不是他坚信上帝不掷骰子。他最大的错误是和一位名叫鲁道夫·卡尔纳普的哲学

[①] 爱因斯坦曾提出过一个静态宇宙模型，并且引入了"宇宙学常数"来防止宇宙膨胀。然而随着时间的推移，静态宇宙模型在不断积累的观测证据面前不攻自破，爱因斯坦也将宇宙学常数视为自己一生中最大的错误。——译者注

家谈论"现在"。

"'现在'这个难题对爱因斯坦造成了很大的困扰。"卡尔纳普在 1963 年写道,"他解释说,'现在'的体验对人来说有着特殊的意义,它在本质上与过去和未来不同,但这种重要的差异不属于物理学研究的范畴,也无法在物理学领域进行探究。"[8]

我将其称为爱因斯坦最大的错误是因为,和宇宙学常数以及他对非决定论的担忧不同,这个所谓的关于"现在"的问题如今依然在困扰着哲学家以及一些物理学家。

这个问题通常是这样出现的。我们大多数人都经历着"当下"这一特殊的时刻,它不同于过去,也不同于未来。但是如果你写下一串描述运动的方程,比如某个粒子在空间中的运动,那么这个粒子在数学上就由一个函数来描述,而在函数中并没有哪个瞬间是特殊的。在最简单的情况下,函数就是一条时空中的曲线,意味着物体的位置会随着时间而变化。那么,"现在"指的是哪个时刻呢?

你当然可以指出,在只有一个粒子存在的情况下,本来就什么都不会发生,于是在数学描述中没有什么发生变化的迹象也就不足为奇了。反之,如果粒子可以撞到其他粒子,或是突然之间转向,那就可以认为在时空中发生了某些事件。"发生一些事情"是有意义地讨论变化以及理解时间的最低要求。可惜的是,你依然无法分辨出粒子的这些变化究竟发生于"现在"还是其他时刻。

那我们怎么办呢?

以费伊·道克（Fay Dowker）为代表的一些物理学家认为，要解释我们对于"现在"的体验，就需要用另一种时空理论来取代现有的时空理论。[9]戴维·默明（David Mermin）声称，这意味着量子力学即将迎来新的修正。[10]而李·斯莫林（Lee Smolin）则大胆宣称，数学本身就是问题所在。[11]斯莫林认为，数学确实不能客观地描述当下，但我们对当下的体验也不是客观的——我们的体验是主观的，而这种主观性可以用数学来描述。

不要误会我的意思。在我看来，我们很可能终有一天不得不抛弃现有的理论，转而采用更好的理论，但仅仅为了理解我们对"现在"的感知并不需要这么做。现有的理论完全可以解释我们的体验，我们只要记住，人类不是基本粒子。

让我们能够体验到现在与其他时刻有所区别的属性是记忆——我们保留着对过去事件的记忆，尽管总会有所遗漏；而对于未来的事件，我们则不会具有记忆。记忆需要一个具有一定复杂性的系统，其中包含多种状态，而这些状态可以被清晰地区分开来，并且在相当长的一段时间内保持稳定。我们的大脑具有记忆需要的复杂性，但是为了更好地理解我们正在讨论的内容，将意识抛至脑后会有所帮助。我提出这样的倡议是有原因的：记忆并非意识系统所独有的能力。许多比人脑简单得多的系统同样拥有记忆，云母就是其中之一。

云母是一种天然矿物，其中有一些早在 10 亿年前就已经形成了。云母在矿物中算比较柔软的，一些细小的颗粒（可能来自周围岩石的放射性衰变）在穿过的时候会在云母上留下永久性的痕迹。这使得云母可以作为天然的粒子探测器。粒子物理学家也确实利用了一些古老的云母样本来寻找有可能穿过它们的稀有粒子。这些研究目前还没有定论，不过它们也不是我所要陈述的重点。我只是想以此来说明，尽管云母就算可以说有意识，也只是非常低级的意识，但它显然拥有记忆。

云母的记忆并不会像我们的记忆一样消散。但是云母同样只有过去的记忆，而不会拥有关于未来的记忆。这意味着在任一时刻，云母都记载着既往的信息，但不会掌握即将发生的事情。要说云母有任何形式的"经历"可能有些牵强，但它可以记录时间——云母知道什么是"现在"。

从云母身上我们可以了解到，如果想要描述一个具有记忆的系统，那么仅仅像我们在上一章那样观察固有时是不够的。对于固有时的每一刻而言，我们都要追问一句："系统所记忆的是什么时间？"一段记忆会在适当的时间戛然而止，这就是每一刻在发生时都很特别的原因。

如果这听起来让人有些晕头转向，那就把你对时间的感知想象成一组处于不同褪色阶段的照片。你称之为"现在"的时刻就是那张颜色最鲜艳的照片，而照片褪色得越严重，它就代表越久远的过去。你手上没有未来的照片。在每一时刻，"现在"都是你最生动、最新近的照片，后面是一长串逐渐褪色的照片，而未来则是一片空白。

当然，这只是对人类记忆的极度简化的描述，我们的记忆实际上比这复杂得多。首先，我们只会保留一部分记忆，并且会出于不同的目的而保留几种不同类型的记忆,有时我们还会认为自己"记得"一些没有发生的事情。但是神经系统诸如此类的微妙之处在这里并不重要,重要的是当下这一时刻之所以特殊,是因为它在你的记忆中占据着显眼的位置。下一时刻也同样特别:在每一时刻,你对当时的感知都会脱颖而出。

这就是为什么我们对"现在"的体验与过去、现在和未来都同样真实的块状宇宙完全兼容。从主观的角度而言,每个当下的时刻都让人感到特别;但在客观的角度上,我们在每一刻到来时都会有同样的感受。

因此我们可以明白,"现在"问题的根源不在于物理学,也不在于数学,而在于我们未能将存在于时间之内的主观体验与用来描述它的数学之永恒性质区分开来。根据卡尔纳普的说法,爱因斯坦谈到了"'现在'的体验对人来说有着特殊的意义"。它的确对人类有着特殊意义,或者说它对所有能够存储记忆的系统都有特殊意义。然而,这并不意味着数学描述中必须存在一个客观、特殊的当前时刻。在客观上,"现在"并不存在;但在主观上,我们所感知的每一个时刻都很特别。爱因斯坦不应为此感到担心。

基于上述讨论,我斗胆认为,爱因斯坦错了。用我们现在用于物理定律当中的"永恒"的数学来描述人类在当前时刻的体验是可能的,这一点儿也不难。你不必为了它而抛弃量子力学的标准诠释,也不必调整广义相对论,更不必从头到尾地改造数学。关于"现在"的问题根本就不存在。

顺带一提，卡尔纳普也是这么回应爱因斯坦对于"现在"的担忧的。卡尔纳普记得他曾对爱因斯坦说过："客观上发生的一切都可以用科学来描述"，但是"人在时间上所体验到的特殊性，包括他对待过去、现在和将来的不同态度，都可以用心理学来描述，（原则上）亦可用心理学来解释"。

如果换成我的话，那么我会说这其实需要用神经生物学来解释，并且加上一句——生物学归根结底也是建立在物理学的基础之上的（如果这让你感到心烦意乱，那么下一章的内容可能会很对你的胃口）。当然，这并不影响我赞同卡尔纳普的观点，区分对系统的客观数学描述与作为系统一部分的主观体验，是很重要的。

°　°　°

所以"现在"根本就不是什么问题。但是有关记忆的讨论有助于说明熵增与我们对时间之箭的感知之间的相关性。我在上一小节提到了为什么时间正向和逆向是不同的，但没有说明为什么我们把熵增的方向看作时间行进的方向。现在云母说明了原因。

云母之所以没有关于未来的记忆，是因为创造它的记忆会导致熵增。一个粒子在穿过矿物的同时，会将原本排列整齐的原子顶出来。这些原子不会再回到原位，因为推动它们运动的能量中有一部分转化成了热运动，也许还有一部分转化成了声波。在这个过程中,熵会增加。如果想要将这一过程反演,那就需要矿物通过累积波动来形成并释放出一个粒子,这个粒子需要完美地修复已经遗留在矿物中的痕迹。而这样的过程会导致熵的减少,因此,它发生的概率微乎其微。我们能在矿物中看到有关过去的记录,完全是因为粒子穿透矿物的过程不大可能自发地逆转。

人类大脑中记忆的形成比这困难得多,但我们也可以通过这些记忆追溯到在我们的大脑中留下痕迹的低熵状态。假设你对毕业那天发生的事情有记忆,很可能是发生在过去的事件中有光线照射到你的视网膜上并最终被你的记忆储存了下来;但是极不可能出现的情况是,那些事发生在未来,并且以某种方式将记忆抽离你的大脑。后者不会发生的原因在于,熵只会沿着时间的一个方向增加。

当然,从长远来看,熵的进一步增加将会冲刷掉你所有的记忆。

。　。　。

总而言之,无论是我们对时间之箭的感受,还是对当下时刻的体验,都不需要修改我们目前使用的理论。当然,一些物理学家还是提出了新的演化规律,试图贯彻时间不可逆的原则,但这些修改对于解释目前的观测数据来说是不必要的。据我们目前所知,块状宇宙依然可以正确地描述自然。

爱因斯坦的理论暗示着过去以及未来都和现在一样真实,

而当下这一时刻只在主观上具有特殊性，许多人在刚开始意识到这一点时会感到不安。也许你就是其中一员。如果你真的这么觉得，我想鼓励你，与不安做斗争是值得的，因为我们在此过程中可以明白我们的存在超越了时间的流逝。我们一直都是宇宙的孩子，并且这一点永远不会改变。

真空中的大脑

> 我们终将归来
> 在时间的尽头
> 就像缸中的大脑，四处游荡
> 只有纯粹的思想。
>
> ——扎比内·霍森菲尔德《薛定谔的猫》[12]

我们已经认识到现实不过是大脑根据感官的输入而产生的复杂结构，因此，只要输入发生改变，我们对现实的感知也就会改变。这样的认识已经随着《黑客帝国》（主人公在电脑模拟的环境中成长，却发现现实世界和他所想象的样子相去甚远）、《盗梦空间》（主人公艰难地设计出区分梦境与现实的方法）以及《移魂都市》（主人公的记忆每到午夜就会被重置）等电影的风靡而逐渐渗入流行文化，尽管这些描述往往不会表明现实归根结底是不存在的。有些禁区连好莱坞都不会轻易触及。

你可能只是缸中或者空无一物的宇宙里的一个孤零零的大

脑,感官的输入为你创造了作为人类在地球上生存的幻觉。这并不是什么新奇的想法,而是一种被称为唯我论的古老哲学。这种理念认为,我们无法真正确定除我们自身之外的任何东西存在。我们通常认为,这种思想最早的书面记录来自 2 500 年前的希腊哲学家高尔吉亚(Gorgias),但是更加经常与唯我论联系在一起的人是勒内·笛卡儿,他将其总结为"我思故我在",并且还补充说明,除了"我"以外的一切都可以被怀疑。

你可能会寄希望于物理学来解决这个难题,但是它做不到,于是情况变得更加糟糕了。之所以物理学解决不了这个问题是因为,我在阐述熵增时忽略了一个有些麻烦的细节:熵实际上并不是总会增加。而熵一旦减少,就会发生奇怪的事情。

我们再回到之前那个包含 36 个方格的简化版面糊搅拌模型。假设你已经达到了高熵态,画面的上半部分有 8~10 个灰色方块,此时的面糊处于平滑的宏观状态。问题在于,如果你继续随机交换相邻的方块,状态不会永远保持平滑。每隔一段时间都有可能偶尔会出现上半部分只有 7 个糖分子的情况,继续下去的话甚至还有可能出现只有 6 个糖分子的情况。这种情况不太可能会持续很长时间,面糊可能很快就能重回平滑状态。但是如果你持续不断地进行搅拌,那么总会出现上半部分只有 5、4、3、2、1 个,甚至只有 0 个灰色方块的情况。这也就意味着你又回到了初始状态,熵似乎减少了。

上述推导过程正确无误,熵的特性就是这样。当你使系统的熵达到最大值,达到平衡态之后,熵有时也会降低。系统有可能会出现细微的非平衡态涨落，且规模越大的涨落出现的可能性越低。在真正的搅拌面糊的过程中，熵大幅减少的可能性极低，哪怕你从大爆炸时就开始搅拌，也不会看到这种事情发生。但如果你搅拌的时间足够长，鸡蛋最终会重新组合到一起，黄油也会单独聚成一团。这并不是纯粹的数学猜想——熵的自发减少可以观测，而且我们已经在一些小型系统中观测到了这样的现象。例如，有人观测到偶尔会有水分子从随机运动中获得能量，形成漂浮在水中的小水珠，这种瞬时的行为违背了热力学第二定律。[13]

　　熵的涨落会引发下面这一问题。我们如果把有关宇宙的所有知识都综合起来，就会发现宇宙似乎会无限制地膨胀下去。随着熵的不断增加，宇宙变得越来越无趣。最终，当所有的恒星悉数消亡，所有的物质都坍缩成黑洞，所有黑洞都蒸发殆尽，宇宙中只剩下稀疏的辐射和偶尔相撞的粒子。

　　但这并不是故事的结局，因为无限代表着极其长久的时间。在无限长的时间里，任何可能发生的事情最终都会发生，哪怕只有一丝一毫的可能。

　　这意味着在那个无聊、高熵的宇宙中，会有一些熵自发减少的区域。其中大部分都是小规模事件，但总有一天会出现较大的涨落，在极其偶然的情况下可能会形成糖分子之类的粒子。耐心等待一段时间，你就能看到一个完整的细胞。如果继续等待下去，也许最终会有一个功能完整的大脑从高熵的粒子汤里面横空出世，并且拥有足够的时间去思考"我在这里"，然后又在熵增的洪流下消失得无影无踪。为什么它又消失了？因为这是最有可能发生的事情。

这些自我意识的低熵涨落就是玻尔兹曼大脑，以路德维希·玻尔兹曼的名字命名，他在 19 世纪末提出了我们如今在物理学中所使用的熵的概念。彼时量子力学尚未诞生，玻尔兹曼所关注的是粒子集团中的纯统计涨落，但是后来发现的量子涨落放大了这个问题。在量子涨落的作用下，低熵的物体（比如大脑）甚至可以在真空中凭空出现，随即又消失不见。

你可能会觉得说这种涨落能产生大脑有些言过其实了，这么想的不止你一个人。物理学家塞思·劳埃德（Seth Lloyd）在谈到玻尔兹曼大脑时说："这种东西连巨蟒剧团的考验都经受不住①，赶紧停手吧！这太荒唐了！"[14]李·斯莫林也曾经对我说过："为什么是大脑？为什么从来没有人谈论过诞生于涨落的肝脏？"他们的观点不无道理，但我支持肖恩·卡罗尔的观点[15]：玻尔兹曼大脑的概念中有一些值得我们学习的宇宙学知识。

玻尔兹曼大脑的问题和大脑本身并无太大关联，而在于如此大规模的涨落有可能会发生的这一事实导致了预测与观测结果相脱节。别忘了，熵越低，发生涨落的可能性就越小，因此熵又必须足够小，才能解释你目前为止所观察到的一切，最起码也是输入了你在生活中的那些信息的你的大脑。但是这个理论以压倒性的概率预测了，你接下来会看到地球消失，而系统则弛豫到平

---

① 巨蟒剧团是英国著名的喜剧团体，他们有一场演出的内容是，死亡之桥的守卫会对每个过路的人问三个问题，一旦答错就会被扔下桥去，永世不得超生。——译者注

衡态。显然，这样的事情尚未发生。再等等……好吧，还是无事发生。于是，你将这一预测彻底推翻了。

如果一个理论推导出的预测与观测结果不一致，那就说明这个理论一定存在一些问题，可是问题出在哪里呢？我之前提到的我们对于熵的认知漏洞（引力、连续场）有一定的嫌疑，但罪魁祸首更有可能是玻尔兹曼大脑理论中的另外一条假设：并非所有类型的演化规律都能导致所有可能发生的涨落。

每种涨落最终都会发生的理论被称为遍历理论。我们之前提到的面糊混合模型是遍历的，玻尔兹曼以及他那个年代的其他科学家所研究的模型也都是遍历的。遗憾的是，我们目前在基础物理学上所使用的理论是否具有遍历性，目前还是一个未解之谜。

150 年前，有一些物理学家很关心粒子之间相互碰撞后改变运动方向的问题，他们发出了这样的疑问："一个房间里所有的氧原子到底需要多长时间才能聚集到房间的一个角落中去？"这是个好问题（答案是非常非常久，所以你不用担心了），要想讨论如大脑这般复杂的东西究竟是如何被创造出来的，你需要先让粒子粘连到一起。用物理学家的话来说，它们必须形成束缚态。例如，质子就是由三个夸克组成的束缚态，强核力将它们维系在一起；恒星也处于束缚态，它们所受到的是引力的束缚。只靠粒子之间的相互碰撞可远远无法创造出我们今天所看到的宇宙。目前我们还不清楚引力和强核力是否具有遍历性，因此玻尔兹曼大脑理论与之并不矛盾。

事实上，我们可以将该论述逆转过来，从而得出如下结论：我们的基础理论中至少有一个不能具有遍历性。这就是我认为玻尔兹曼大脑很有意思的原因——我们可以从中获知一些自然规律所必备的性质。但是你不必担心自己是一个位于真空中的孤单大脑，因为如果是这样的话，你肯定已经消失了。如果还没有消失，那就再等等，或许就是现在……

○　　○　　○

玻尔兹曼大脑是一种通过矛盾来引导争论的论证方式（如果自然规律是遍历的，那么你就会观测到极不可能发生的事件），但你基本上不太可能是这样一个大脑。不过，我认为玻尔兹曼大脑在科学文献中留下的书面记录里面潜藏着更深层次的信息。

基础物理学让我们得以更加仔细地观察现实，但我们观察得越仔细，现实就会变得越发不可靠。我们对数学的大量使用是主要原因之一。随着对自然的基本描述越来越脱离我们的日常经验，我们不得不依赖数学的严谨性，而这种程度的依赖会造成诸多影响。用数学来描述现实意味着，同样的观测结果可以用许多不同且等价的方式进行解释，而这仅仅是因为有很多组不同的数学公理可以对所有有效数据给出完全相同的预测。因此，假如你想将"现实"分配到某种解释头上，你都不知道应该选择哪一个。

例如，在艾萨克·牛顿的时代，认为引力真实存在是毫无争议的。这是一种非常有效的数学工具，从炮弹的轨迹到月球的运行轨道，好像没有什么它计算不了的东西。但是后来阿尔伯特·爱因斯坦横空出世，他告诉我们，被我们称为引力的效应是由时空弯曲所引起的，引力并不是"力"。这是否意味着引力在爱因斯坦那个时代就不存在了呢？不，这只是意味着，什么东西是真实的取决于人的观念，而大多数科学家都不会轻易下定论。

你可能会说，引力并不是从爱因斯坦的时代才开始不存在的，而是从一开始就没存在过，爱因斯坦之前的科学家全部大错特错！但是在这种情况下，你就不能声称我们现有的理论中的任何东西是真实存在的，因为这些理论没准儿哪一天就会被更好的理论取而代之。空间？电子？黑洞？电磁辐射？你也不能说这些东西是真实的。这种现实的概念也会让大多数科学家想要回避。

哪怕不考虑将来可能发生的范式转移，你要使用什么样的数学来描述观测结果也是模棱两可的，因为在物理学中存在着对偶理论。两个对偶的理论可以用完全不同的数学形式描述同一个可观测现象，就像这幅图一样（参见图6），它要么是兔子，

图6   这是一只兔子还是一只鸭子？

要么是鸭子，但它到底是一只兔子还是一只鸭子呢？[16] 实际上，这只是一个由黑色线条构成的形状，只不过你可以用两种方式来解释它。

在物理学中，最著名的对偶理论莫过于规范/引力对偶。这是一种数学等价关系，它在更高维的引力理论（其中包含时空弯曲）和无引力条件下比前者低一维的粒子理论（例如在平直时空当中）之间建立了联系。在这两种理论当中，你都拥有计算可测量物理量（比如金属的导电性）的方法。这些引力或者粒子理论的数学元素是不同的，它们各自的计算方法也不同，但是预测结果完全相同。

现在，对于规范/引力对偶能否准确描述我们在宇宙中所观察到的东西仍然存在争议。很多弦论研究者都认为结果是肯定的，而我也认为它很有可能正确地描述了某些类型的等离子体，而这些等离子体与某些特定类型的黑洞是对偶的（或者也可以说是一些黑洞与某些种类的等离子体对偶）。但是对于我们的讨论来说，这种特殊的对偶理论能否准确描述自然其实无关紧要。仅仅是对偶理论有可能存在，就支持了从未来范式转移的威胁所得出的结论：我们不能将"现实"分配到一个理论的任何表述形式之上。（量子力学的几种不同的诠释是另外一个例子，但是请允许我将该内容放到第 5 章中讨论。）

正是因为如此令人头疼的问题，哲学家在实在论的基础上发展出了结构实在论。结构实在论认为，在一个理论中，真实的部分是其数学结构（也就是图 6 中既像兔子又像鸭子的形状），而不是其中任何一个表述形式。爱因斯坦的广义相对论在结构上包含了之前被称为引力的东西，因为我们可以在一种名为"牛顿极限"的近似条件下推导出这种力。这个极限不能在所有情况下都准确地描述我们的观测结果（它在接近光速以及时空高度弯曲的情况下就会失效），但仅凭这个并不意味着它不真实。

在结构实在论中，你可以认为引力是真实的，即便它只是一种近似；你也可以认为时空是真实的，即便它可能有一天会被更基本的东西（也许会是一个巨大的网状结构）所取代。因为无论更好的理论是什么样，它都必须能在适当范围内重现我们目前所使用的结构。这样一切就说得通了。

如果我是一名实在论者，那我一定会支持结构实在论。但我并不是，原因在于我无法排除这样的可能性：我是一个缸中之脑，我脑海中所有关于自然规律的知识都是精心设计的幻觉。根据我在生活中所学到的一切，或许我可以说服自己得出这样的结论：我不可能是一个毫无特征的宇宙中的一个涨落。但这仍然不能证明除了我的大脑之外存在其他宇宙。唯我论虽然可以被看作一种哲学，但它也萌生自生物学上的事实。我们在自己的大脑中是孤立的，并且至少到目前为止，我们还不可能直接推断出除了我们自己的思考之外还有什么其他东西存在。

不过，即便我认为自己永远不能完全确定除了我自己之外的任何东西存在，我也发现耽溺于这样的哲学当中完全是浪费时间。也许你并不存在，而我写这本书也只是我的幻觉。但如果我无法分辨幻觉和现实，那为什么还要费力去尝试呢？现实当然是一个足够方便也足够好的解释。因此，出于实际应用的目的，我会把我的观察当作真实的来处理，同时承认自己不能完全确定这本书或是它的读者是否真的存在（如果有人问起的话）。

小结

我们不断变老是因为这是最有可能发生的事情。我们当前所掌握的理论很好地描述了时间的单向性以及我们对"现在"的感知。一些物理学家对现有的解释并不满意。寻找更好的解释自然是值得的，但我们没有理由认为这种做法有必要，甚至是否有可能成功也还是未知数。如果你想要相信自己就是缸中之脑，那也没有关系，只是我觉得这并不会带来多大的差别。

04.

你只是一堆原子吗？

你是什么？

我听说有些人在公开演讲的时候会想象所有听众都没穿衣服，以此缓解焦虑。我不知道你会不会这么做，但我不会这样。我更喜欢在脑海中把听众分解成化学元素（参见图7）。

人体质量大约有60%都是水，所以首先我的听众有大量的氢和氧，我会想象着他们随风飘荡。然后，每个人都会对应一大罐碳，这是蛋白质和脂肪的主要成分。单是碳就占人体质量的18%，对于一个普通成年人而言，差不多就是30磅[①]。排在后面的还有另外一种气体元素氮（3%），一小瓶钙（1.5%）和一小瓶磷（1%），还有少量的钾、硫、钠、镁。差不多齐活了，这些颇

[①]　1磅≈0.45千克，30磅约合13.6千克。——译者注

图 7　人体内主要原子的质量占比。该图片未按照比例绘制

难分辨的化学元素组合到一起，就是一具人类的身体。

　　如果你对此毫无感觉的话，那么不妨思考一下原子的起源。由于制造化学元素的原子核需要极高的压强，所以除了在大爆炸发生几分钟后产生的氢、氦、锂之外，宇宙中一开始并不存在化学元素。只有当恒星在引力作用下从氢云中诞生时，较重的元素才得以在恒星内部生成。在这些坍缩的云团中，由引力带来的压强最终引发核聚变，较轻的原子核逐渐被聚合成越来越重的原子核。

　　但总有一天，恒星会将所有能够用于聚变的原料全部消耗掉。在它们生命的最后阶段，大多数恒星会平静地暗淡下来，但其中有一些会迅速坍缩，进而爆发，成为超新星。超新星爆发会把恒星内部的物质抛向宇宙，从恒星内部热闹的环境中释放出来的原子核将捕获电子，从而成为真正的原子。

　　但即使是超新星爆发也无法完全毁灭一颗恒星，它留下的残骸要么是中子星，要么是黑洞。中子星是由核物质组成的巨大团块，其密度极大，只能勉强逃脱坍缩成黑洞的危险。那些最重的元素，比如金和银，只能在极其剧烈的环境中形成，比如中子星合并。[1] 在合并的过程中，重原子核也被抛散到整个星系当中，并且在捕获电子后变成原子。

一些原子会聚集在一起形成小分子，甚至还会聚成微小的颗粒——星尘。这些尘埃与氢云和氦云混在一起（氢和氦在大爆炸时就产生了），持续地受到引力的作用。如果云团的密度超过阈值，它们就会再次坍缩，产生新的恒星、行星、星系，甚至有可能会促成生命的出现。

这个过程并不会循环往复，而且就我们目前所知，它也不可能永远持续下去。在遥远的未来，据估测大约是 100 万亿年以后[2]，宇宙剩余的核燃料将消耗殆尽。我们在第 3 章探讨过，这是熵增带来的结果之一。宇宙能够容留生命的时间是有限的。

不过，至少现在的我们是由原子组成的，这些原子要么直接来自大爆炸，要么来自某颗恒星临终前的怒火。就像有些人说的那样，"我们都是星尘，是星星的孩子"。就个人而言，我不太在意自己体内的原子来自何方，但是现在我已经完全将演讲时的焦虑抛开了。

多就是多

除了粒子之外，我们还需要哪些东西才能创造出一个有意识的存在？

我发现，很多人都会下意识地否认这么一种可能性：人类的意识是由大脑中许多粒子的相互作用产生的。他们似乎固执地认为，意识一定有什么不同之处。虽然他们当中一些有科学头脑的人不会称之为"灵魂"，但他们的确就是这个意思。他们致力于寻找那些神秘的，无法解释的，可以让他们的存在显得与众不同的东西。他们很难接受自己宝贵的思想居然"仅仅"是众多粒子依照自然规律运行的结果。因此，他们坚持认为意识一定没有这么简单。在 2019 年的一项调查中，75.8% 的美国人认同这种二元论的观点，即人类的思维不仅仅是一台复杂的生物机器。在新加坡，二元论者的比例甚至更高，达到了 88.3%。[3]

如果你也是信奉二元论的多数派，那我们必须在继续探讨之前达成共识。你需要抛开之前认为意识需要物理学之外的东西来解释的信念，听我慢慢道来。我向你保证，如果直到本书的结尾，你还依然坚持认为人类的大脑不受自然规律的约束，我就不会再絮絮叨叨地打扰你了。

话虽如此，作为一名训练有素的粒子物理学家，我必须告诉你的是，从既往所有的观测结果来看，系统的整体是其各个部分的总和，不会多也不会少。数千年来，无数的实验已经证实，物体都是由更小的物体构成的，了解了小的物体有何表现，就能知道大的物体会有何表现。目前这条规律还没有任何例外，甚至还没有哪个一致的理论能预言这种例外。

正如一个国家的历史是其公民的行为及其与环境相互作用

的结果一样，公民的行为也是构成他们的粒子的性质和相互作用的结果。这两种假设经受住了迄今为止的所有考验，所以作为一名科学家，我对此欣然接受。这并不是要把它们当作终极真理的意思，因为它们可能将来会在某天得到修正，但这就是目前最准确的知识。

许多人似乎认为这仅仅是一种哲学立场，即一个复杂对象（例如人）的行为是由其组成部分（亚原子粒子）的行为所决定的。这种思想被称为还原论或是唯物主义，有人也称之为物理主义，好像给它起一个"××论"或是"××主义"的名字就能让它消失一样。还原论认为，某个客体的行为可以从它各组分的属性、行为和相互作用中推导出来，哲学家将该过程称为"还原/化约"。然而还原论不只是一种哲学思想，而且是我们有关自然的理解当中最为确凿无疑的事实之一。

不过，我也不是一个还原论强硬派分子。我们对自然规律的认识是有限的，目前还有很多地方没搞清楚，而且还原论有可能会在一些微妙的细节上失效，我将在后面的章节对此加以讨论。但是，在打破规则之前，你必须充分地了解它。

在科学研究中，我们的规则是以事实为基础。而事实就是，对于所有已知的由大量粒子组成的物体而言，我们从未观察到其行为足以证伪还原论，尽管这种情况本可能出现过无数次。我们从未见过性质与其原子组分无法对应的分子，从未遇到过发挥了超出其分子结构的效果的药物，从未制造过表现出与基本粒子的物理性质相冲突的行为的材料。如果有人非要扯什么"整体论"，那我只能回他一句"狗屁不通"。

我们当然知道，有很多事情我们目前都无法预测，因为我们的数学技能和计算工具都是有限的。例如，一般的人类大脑大约包含 1 000 亿亿亿个原子[①]。即便借助当今最强劲的超级计算机，也没有人能计算出所有这些原子是如何通过相互作用来产生有意识的思维的。但我们也不能说这就是不可能的。据我们目前所知，假如我们有一台足够大的计算机，没有什么能阻止我们将大脑中的每一个原子都模拟出来。

相反，假设复合系统（作为整体的大脑、社会、宇宙等）所表现出的行为并非源自其组成部分的行为，则没必要。就像有关上帝的假设一样，没有任何证据能证明这一点。这倒也谈不上错，只是无关乎科学罢了。

这可能会让你们之中的一些人感到震惊。堂堂诺贝尔奖得主菲利普·安德森那句著名的"多即不同"（More is different），难道不是在提出相反的主张吗？的确如此，但光是诺贝尔奖得主说过，并不意味着这句话是正确的。

○　　○　　○

直到大约 50 年前，物理学家还在采用不同的数学模型来描述不同分辨率水平的系统。例如，他们会用一套方程来计算水，

---

① 为了防止你像我一样对这种天文数字没什么概念，1 000 亿亿亿也可以写作 10^{27}，即 1 的后面跟着 27 个 0。

用另一套方程来计算水分子，然后再换一套方程来计算原子以及其他组分。这些不同的数学模型是相互独立的。

然而在 20 世纪中叶，物理学家开始从形式上将这些不同的模型联系起来。之所以要强调"形式上"，是因为数学推导在大多数情况下无法执行，与之相关的计算难度太大了。但是物理学家现在已经拥有了一套明确的程序，可以从原子的性质推导出水的性质。该过程被称为粗粒化（coarse-graining），尽管背后的数学运算相当困难，但是它的思想在概念上其实很简单。

假设你需要描述一个高分辨率的系统，那么你就要考虑很多小尺度下的精细结构。假设现在你的面前摊开了一张地形图，它不仅能告诉你山脊和山谷的位置，还能标示出沥青路面的褶皱和草地上的鹅卵石。如果你正在规划一趟徒步旅行，那么这张地图上有很多细节是你用不到的。为了得到一张更加实用的地图，你可以在现有的地形图上放置一个 100 码①大小的网格，并取用网格中每个方块的平均值。如此一来，你就可以消除那些冗余的信息。

物理学中的粗粒化类似于上述取平均的过程，只是更加复杂一些，但它本质上就是一种消除冗余信息的方法。在物理学中，网格的大小通常被称为截断距离（cutoff），计算的目的就是在截断距离给出的分辨率下写出一个足够精确的近似模型，并且对缺失的细节进行小幅修正。如果你决定把截断距离以下的修正

---

① 1 码≈0.91 米，100 码约合 91.44 米。——译者注

全部清除，那就会得到物理学家所说的**有效模型**。这种模型并不完全正确，因为就像取过均值的地形图一样，它也缺少了一部分信息。但是在你想要研究的分辨率水平上，它已经完全够用了。

我们最为耳熟能详的有效模型是用温度、压力、黏度、密度等物理量来大体上描述气体和流体，这样的描述抹平了分子层面的细节。我们在物理学中使用的有效模型还有很多[5]，它们的典型特征是核心对象和物理量经常与基础理论中的不一致，甚至在基础理论中压根儿就没有意义。例如，金属的导电性是一种源自电子行为的材料性质，但是讨论电子的导电性毫无意义。事实上，如果你研究的是亚原子粒子的模型，那整个金属的概念就完全没有意义了。金属是许多微小粒子依照某种方式排列而成的结构。

我们认为这些在有效理论中起到关键作用但在基础理论中没有出现的性质和对象是**涌现**①**性质/对象**。涌现的性质和对象可以从其他东西衍生出来，也就是还原成其他东西。涌现的反义词是**基础/基本**，一个基本性质或对象无法从其他东西衍生出来（还原成其他东西）。在下文中我还会用到另外两个术语：更加基础的层次对应的是相对较低的层级，而更加"涌现"的层次对应的则是相对较高的层级。

我们在日常生活中处理的所有事情几乎都是涌现的，即高

---

① 更准确地说，这种情况被称为弱涌现。哲学家将其与强涌现区分开来，后者指的是宏观系统具有的性质无法从它的组分及其行为当中衍生出来。我们将在第 6 章更加深入地探讨强涌现的问题。

层级的性质或是对象。材料的颜色（高层级）来自它的原子结构（低层级）；药物的疗效（高层级）来自它的分子结构（低层级）；而分子的组成又来自其原子组成（更低层级）。细胞的运动来源于分子的排列和相互作用，器官的功能则来源于细胞的功能，以此类推。

正如粗粒化处理后的地形图一样，在衍生出涌现性质的过程中，我们抹除了小尺度下的细节。所以说，在理论大厦中只有一条逐级向上的单行道。你可以根据有关原子的理论推导出描述流体运动的流体力学定律，但是却不能根据流体力学推导出原子理论，因为你在推导有效模型的过程中永久地抛弃了一些信息。这通常发生在数学运算中，比如将一些参数取为无穷大，或是舍去一些细微的修正（两者是等价的）。事实上，这就是为什么我们无法从已有的定律中推导出更基础的定律——物理学的理论大厦无法双向通行。当然，如果我们能够双向通行的话，也就没有什么"更基础"一说了。那么物理学家要如何发现更加基础的规律呢？我们将在稍后的访谈中与戴维·多伊奇（David Deutsch）讨论这个问题。

在大多数情况下，我们目前还无法执行粗粒化所需要的数学计算。例如，目前还没有人能根据某个细胞的原子构造推导出该细胞的性质。实际上，即便是预测分子的性质也很困难，比如我们在蛋白质折叠的问题上就遭遇了不少挫折。数学太难了。

但是对于我们的目的来说，将低层级和高层级联系起来的计算能否在实际上执行其实无足轻重，我们感兴趣的只是从自然规律的结构中获知哪些信息。因此我们需要关心的重点在于，根据目前公认的理论，最低层级的性质和对象决定了更高层级会发生什么。如果现在有人声称事实并非如此，那他们至少必须把理由解释清楚。比如，一块金属怎么可能不遵循关于金属成分聚集的理论呢？要是你想在理论研究上再进一步，那这就是你必须面对的挑战。

涌现理论的重要性丝毫不亚于基础理论。事实上，涌现理论往往更实用，而这正是因为它们忽略了无关紧要的细节。在大多数情况下，涌现理论在其相对应的分辨率水平上都能更好地解释。但是我们目前所知的基础理论只有两个，那就是**粒子物理标准模型**和爱因斯坦用于描述引力的广义相对论，它们是我们目前所知的最低层级的基础理论。

在本书后面的内容中，我将把物理学中研究基本定律的领域称为基础物理学。除了基础物理学以外的所有理论都来源于这些基本定律，大致可以按照以下顺序排列：原子物理学，化学，材料科学，生物学，心理学，社会学。包括我自己在内的大多数物理学家都认为，目前的基础理论总有一天会不再基础。更有可能的是，目前最基础的东西是从更低的层级涌现出来的。①

事后看来，科学领域各个学科之间的这些联系似乎是显而易见的。但在 20 世纪的大部分时间里，科学家并不是这样看待自然的。事实上，在基础物理学之外，你仍然能看到很多人极力

---

① 对更深层次的探索是我的上一本书《迷失》(*Lost in Math: How Beauty Leads Physics Astray*) 的主题，这里不再赘述。

主张所有的科学学科都是同等基础的。

在某种程度上，这只是耍嘴皮子的诡辩。我使用"基础"一词只是为了表示"无法从其他理论推导出来"，但是其他学科的科学家有时会认为，不那么基础就意味着没那么重要，这简直是一种侮辱。但物理学家指出"一切都是由粒子构成的"时，并不是为了贬低其他科学家，而是事实的确如此。

我说过我会对你坦诚相待，所以我应该补充说明一下，一些物理学家依然不太相信自然规律确实是还原论。关于这点我没什么要说的，我在前文已经列出了很多证据，你可以自行评估。自然是还原论的这一假设得到了观测证据的支持——我们只能通过更低层级的性质来了解更高层级的性质，反之则不成立。而且近年来，我们还对其背后的一些数学原理有了更深的理解。

说到这里，我必须澄清一个关于自然规律这种分层结构的普遍误解，也就是似乎有些例子与它存在矛盾。假设你按下一个按钮，启动了粒子对撞机，让两个质子对撞并产生一个希格斯玻色子。在这一系列操作中，难道不是你在更高层级上的决定引发了更低层级上的事件吗？这是不是违反了原本井然有序的结构呢？我再举一个更加常见的例子，计算机算法在处理信息时控制晶体管的开关，难道这不是由你编写的代码（高层级）在控制电子（低层级）吗？想找出更多这样的例子不是什么难事。[6]

这些情况下的误解本质上都是一样的。采用宏观的术语（你的动机、计算机代码）来描述系统（你、计算机算法）的某些性质或行为是有效的，但单凭这并不意味着宏观的描述是更基础的。事实并非如此。你完全可以用中子、质子和电子来完整描述一台计算机及其算法，只是这样的描述根本毫无用处。

但是如果你想证明还原论是错误的，你就必须证明用宏观术语描述一个系统所得到的预测和用微观描述所得到的预测不同（然后你还需要做一个实验来证实从微观描述中得到的预测是错误的）。目前为止还没人能够做到这一点，而这也不是因为这件事不可能完成。也许你可以试着想象这样一个世界——原子的行为来源于行星的行为，而非相反的情况。但是据我们目前所知，事实并非如此。

要想理解这样一座理论大厦，一定要注意的是，复杂对象的功能不仅仅来自其组成部分。我们还必须了解各组分间的相互作用以及相互关系，也就是说，我们需要完整的微观信息。特别是量子纠缠，它实际上就是一种将粒子联系在一起的相互关系，尽管它可以跨越宏观的距离，但它仍然是一种在基础层面上定义的性质。稍后我们会更详细地讨论量子纠缠，但现在我们需要注意它与还原论并不矛盾。

总之，根据目前最有力的证据，这个世界是还原论的：大型复杂物体的行为源于其组成部分的行为，但我们不知道自然规则为什么是这样的。为什么小尺度上的细节在大尺度上就变得无关紧要了呢？为什么原子内部的质子和中子的行为不会影响行星的运行轨道？为什么夸克和胶子在质子内的表现不会影响药物的效果？物理学家给这种脱节的现象起了个名字叫"多尺度解耦"，但是没有深入地解释它，或许这根本就无法解释。世界必须以某种方式而不是以其他方式存在，所以我们总是无法回答"为什么会这样"的问题。又或许这个"为什么"的问题可以启发我们思考，我们是不是还缺少一个在不同层级间建立联系的总体原则。

别着急，慢慢来

如果你和我一样，你可能也会觉得自己是一个物理意义上紧凑、只占据特定空间的对象，头和脚分别处于身体的两端。然而，这种直观的自我形象并不根植于现实。

我们身体的物理组分在不断地变化。我们的每一次呼吸、喝水和进食，都会将体内的一些粒子替换成新的粒子，我们就是这样一直成长到现在的。我们在自己的一生中都在不停重新利用先前属于其他动物、植物、土壤或细菌的原子，这些原子产生于大爆炸以及恒星的核聚变。2005 年的一项碳定年法研究发现，成年人体内细胞的平均年龄只有 7 岁。虽然有些细胞几乎会伴随我们度过一生，但是皮肤细胞平均每两周就会更新一次[7]，而其他细胞（比如红细胞）则是每两个月更新一次。

因此，从物理学的角度来说，我们的身体并不像我们所以为的那么紧凑，而是更像忒修斯之船。在这个已有 2 500 年历史的故事中，希腊英雄忒修斯的一艘船被陈列在博物馆里。随着时间的推移，船的一些部件开始破碎或腐朽，然后一点一点地被新的部件取代。先是一根缆绳，再是一块木板，然后是一根桅杆……最后，原来的部件一片也没有留下。"现在它还是原来那艘船吗？"古希腊哲学家发出了这样的疑问。这场古老的辩论为我们留下了这样一段话："人不能两次踏入同一条河流，因为无论是这条河还是这个人都已经不同。"一般认为，这句话出自赫拉克利特之口。[①]

　　通常情况下，这个问题的答案取决于你如何定义问题中的术语。你所说的"船"是什么意思？"相同"又是什么意思？只有将这些表述定义清楚，你才能回答这个问题——所以答案有很多种。别担心，我无意回顾 2 500 年的哲学史，我们很快就会回到物理学的领域。但是我实在忍不住要夸赞一下：古希腊人很久以前就意识到，一个物体的组成部分并不是唯一与其相关的东西。即使你已经替换了船上所有的部件，它的整体设计（建造这艘船所需的信息）仍然没有改变。实际上，你完全可以将信息定义为在更换部件时船上其他没有发生变化的部分。

　　人类也是如此。人类由粒子组成，这些粒子的行为决定了我们的行为。但是这种还原并不是人类或是其他复杂结构有趣的地方。真正有趣的是涌现出的更高层级的属性：人类会走路，会说话，会写书；有些人类会繁衍后代，还有的人类会登上月球。装着化学品的瓶瓶罐罐可不会这些。与人类相关的这些属性并不是我们的组分，而是组分的排列方式：这是你构建一个人所需要的信息，其中包含了这个人能做到的所有事情。

---

① 其实赫拉克利特并没有亲笔写下这句话。想想看，如果这句话中的每个字都被一个接一个地替换过，那么它还是原来的那句话吗？这个问题就留给读者你来回答吧。

　　这里所说的可不仅仅是你的遗传密码，因为你的基因本身还不足以定义如今的你。我说的是详细指定了你身体的每个部分、每个分子以及它们之间相互作用方式的所有必要细节。这囊括了在你的脑海中留下印记的无数大大小小的经历，包括你吃过的食物、呼吸过的空气、疾病留下的后遗症、疤痕和淤青。是这一整套具体的安排才让你得以成为你。无论如何，你的"你性"都是从构成你的粒子的结构中涌现出来的。据我们目前所知，这些属性可能会以不同的方式涌现。

　　加拿大科学家、哲学家泽农·皮利希恩（Zenon Pylyshyn）在1980年用一个思想实验很好地说明了这一点。[8]想象一下，你现在无所事事，正想着要不要喝杯咖啡。就在这时，假设有人取走了你的一个神经元，并且用一块硅芯片取代了它。这块芯片对大脑其他部分的输入和输出可以做出与它所替换的神经元相同的反应，它所执行的功能与之前的神经元分毫不差，并且与其他神经元严丝合缝地连接在一起。这会改变你的性格吗？你会突然改变主意，转而喝一杯茶吗？不会的，会有什么区别呢？毕竟大脑处理信息的方式并没有改变。好的，接下来再用芯片替换另一个神经元，然后再替换一个……就这样，你的大脑慢慢地被硅芯片取代，直到一个神经元也没有剩下，全都换成了硅芯片。现在你还是同一个人吗？

　　就像忒修斯之船一样，这取决于你如何定义你和同一个人。在某种意义上，我们可以认为你已经不是原来那个人了，因为你现在是由不同的物理组分构成的。然而，物理组分并不是重点，我们关心的是这些组分的排列方式，由它们执行的功能让你变得生动有趣。从这个意义上来说，你并没有改变。你仍然可以执行原来的功能，而且依然和原来一样可爱。

但是你真的和原来一样吗？这就是物理学的意义所在。你可以假设用硅芯片代替神经元而不改变大脑的任何功能，这是一码事；但这是否真的有可能实现又是另外一码事。在皮利希恩的思想实验中，"相同"这个词的隐含假设是用芯片取代神经元是可能的，这种取代不是差异小到无法察觉，而是完全没有差异。这个很强的假设是论证成立的必要条件。如果我把咖啡中的一个分子替换成一个茶分子，那么这杯咖啡尝起来还是跟之前一样，这只是一个不起眼的小差别。但是如果我一个接一个地不断替换下去，最终你一定会注意到区别。大量不明显的小变化积累起来就会转变为明显的大变化。我们怎么知道替换神经元不会带来这样的结果呢？

显而易见的答案是，我们不知道，因为还没有人这么做过。尽管如此，我们还是可以根据我们掌握的所有物理学知识来探索有什么事情是可能发生的。有没有可能用别的东西来替代神经元，使其功能不依赖于其子结构（不管是硅基还是碳基）？这也是有可能的，其原因正是我们在上一小节讨论过的多尺度解耦。我们可以忽略小尺度下的细节来考虑大尺度上的涌现行为，这也意味着你可以把小尺度的物理结构替换掉，比如把神经元换成芯片，或是其他可以发挥同样作用的东西，只要涌现行为维持原样，那就不会有什么不同。

当然,我们目前使用的理论也有可能出现问题,因此上述论证也有可能由于某些未知的因素而宣告破产,一如既往。例如,物理学家、诺贝尔奖得主赫拉德·特霍夫特(Gerard't Hooft)认为,被我们归因为量子随机性的观测结果实际上来源于迄今尚未得到解释的噪声,这些噪声来自小尺度上的新现象。[9] 如果是这样的话,那么多尺度解耦可能就失效了。也许特霍夫特是对的,但是到目前为止,他的观点仍然只是纯粹的猜想。

为防遗漏任何细节,我要再次补充,目前我们还不清楚大脑是不是我们身份认知的唯一基础,但这种复杂讨论对我们的论证来说不太重要。例如,有研究表明,至少人类认知在某些方面是具身的,也就是说这些认知依赖于身体其他部位的输入,比如心脏或肠道。对于那些把脑袋冷冻起来等待复活的人来说,这可能是个坏消息,但这与你身体的组分能否被其他物理部件替代的问题无关。如果说替换大脑中的神经元不会完全将你的认知转移到硅基上,那么假如你身体的其他部分也被替换了呢?

让你得以成为你的信息可以被编码成许多不同的物理形式。有一天,你可能会把自己上传到电脑上,并且继续在虚拟世界生活。这样的可能性也许超出了目前的技术水平,也许听起来很疯狂,但是它并不违背我们目前所掌握的知识。

小结

你、我以及其他世间万物都由微小的粒子组成,而像我们这样的宏观物体表现出的一切行为，都是这些微观粒子的行为带来的结果。然而，一个生物或者无生命物体的特征来源于其众多组成粒子之间的关系和相互作用，而不是粒子本身。因此，就目前所知，我们有可能将一个存在或对象的物理基质替换成其他东西。只要这一替换过程能够维持原先与特征相关的关系和相互作用，那么该对象的功能（包括意识和身份认知在内）就应该能保持不变。

知识可以预测吗？

——戴维·多伊奇访谈录

"到了。"出租车司机指着一堵摇摇欲坠的墙说。我看到墙内探出了一大丛看起来很久都无人打理过的植物，暗自思忖是不是找错地方了，不过目的地就在这附近，从这里下车步行也用不了多久。于是我付了打车的钱，步入了秋日的明媚阳光之中。这是牛津郊外的一条安静的街道，我要找的人是戴维·多伊奇。

我仔细看了看面前的房子，发现门牌号是对的，于是沿着一条爬满了植物的步道向门口走去。门上到处都是蜘蛛网，看上去非常需要重新粉刷一遍。我按下了门铃，没多久，戴维就开了门。

即便是像我这样几乎脸盲的人，也很容易辨认出戴维·多伊奇。他的眼睛相对于他尖尖的鼻子和瘦削的面部来说似乎有些太大了，并且他的头发也有点儿过长了，就像大多数英国男人一样。他带着一脸微笑迎了上来，邀请我进屋。我看到他房子的内部状况也没比外面好到哪儿去，但是作为两个上小学的孩子的母亲，我对在堆积如山的玩具、书籍和难以辨认的手工制品中小心翼翼地穿行这件事非常在行。这项技能现在派上用场了。

戴维领着我来到了看起来像是客厅的地方。这里有一张沙发，对面是一张桌子，上面摆着一块巨大的平面显示器，周围还有一些折叠椅和书架，我看见一个书架上面摆了一本由查尔斯·W. 米斯纳、基普·S. 索恩和约翰·惠勒共同撰写的经典著作《引力论》(*Gravitation*)。地上散落着园艺用具、一堆箱子、电缆、各式各样的电脑配件，放着一张蓝色的迷你蹦床，还有一把鲜红色的日式按摩椅。戴维兴奋地说，这把按摩椅是新买的，正说着就开始展示它的各种功能。我拼命地压抑住问他要来拖把和吸尘器的冲动，于是我咕咚咕咚喝下一杯水，开始低头找我的记事本。

戴维最为人所熟知的是他对量子计算的开创性贡献，2017年，他因此获得了国际理论物理中心颁发的狄拉克奖章，在他的一长串奖项和荣誉清单上又添了一笔。但我不是来找他讨论量子计算的。我之所以来到这里，是因为戴维撰写的两部人气科普著作《真实世界的脉络》(*The Fabric of Reality*)以及《无穷的开始》(*The Beginning of Infinity*)给我留下了深刻的印象。[1]这不仅是因为戴维非常仔细地阐述了他思考问题的逻辑，还因为他让我感受到他是一位远远走在时代前面的科学家。他对当今的技术兴致缺缺，反而对科学知识如何增长、如何造福于我们的社会以及知识本质上是什么这样的问题很感兴趣。我想戴维应该是探讨还原论局限性的合适人选。

和往常一样，我开口问他的第一个问题也是他是否有宗教信仰，而他直截了当地告诉我他没有，我看他好像没有要补充说明的意思，便转向了还原论的问题。"从粒子物理学的角度来看，一切都是由微小的粒子组成的；从理论上讲，世间万物都是由粒子形成的。你同意这个观点吗？还是说你认为有些东西是无法被还原成各个组分的？"

"我不赞同还原论这种哲学思想，"戴维说，"也就是说，我不赞同将还原论的那一套解释看作唯一正确的观点。"

"能否再说得更清楚一点儿？你刚刚所说的是哪种还原论？"我问道。事实上，还原论分为两类，只不过这种区分在大多数情况下并不重要。其中一种是理论还原论，认为较高层级的理论可以从较低层级的理论中推导出来，这就是我们在上一章所讨论的内容；另外一种则是本体还原论，认为我们在越小的物理尺度上得出的解释越准确。这样的区分之所以不重要，是因为它们的发展在历史上一直是齐头并进的。

"我认为这两者作为哲学原理来说都是错误的，"戴维回答道，"但碰巧的是，有史以来最好的一些理论成果确实在这两种意义上都属于还原论，比如元素周期表。这是 19 世纪科学解释的一次辉煌胜利，它把古往今来的各种解释联系在一起，其中包括物质不能被无限细分这样的观点。但是和所有其他解决方案一样，元素周期表也带来了新的问题。如果原子不能被细分，那么它们为什么会具有不同的性质？为什么这些性质会遵循周期律呢？这就表明一定还存在比这更加基础的结构。这也是我对现代粒子物理学的看法，就像 19 世纪的化学一样……啊，不对，也许和 19 世纪的化学有所不同，因为现代粒子物理学还带着还原论哲学的味道，认为只有将事物细分为更小的东西才能解释……哦，不好意思，我好像顺着元素周期表说得有些跑题了，刚刚咱们说到哪儿了来着？"

"你说我们目前为止所拥有的一些最好的理论在两个角度上都是还原论。"

"啊——是的，"戴维又找回了先前的思路，"但有些理论不是。例如通用计算理论，该理论认为所有物理定律都是图灵可计算的。用物理学的话说，这意味着有可能存在一个物理对象，比如这台电脑，它所有可能的运动方式的集合，在某种近似条件下，与所有可能存在的运动方式的总集一一对应。"

他指着那台笔记本电脑继续说："现在，这是一个有关宇宙的强有力的陈述，大多数我们可以想象出来的物理定律都不满足它的条件，不过我们认为实际的定律确实满足这一点。然而，该原理所指涉的是一种高度复杂的对象——通用计算机。所以，如果'所有定律都是图灵可计算的'是一条基本原理，那么这条定律就不具备还原性，换句话说，还原论在这种情况下是错误的，因为该定律描述的是一个特定的高层级对象具有基础的属性。[2]我认为未来还会出现多个这类定律。当然，只有在它们提供不错的解释的时候，我们才会接受它们。但是在我看来，说它们不是还原论并不是一种批评。"

他又接着补充道："同样，我们说一条定律是还原论也不是一种批评。有些人就持有相反的观点，我们将其称为整体主义者。他们认为还原论的解释永远不可能是基础的，我认为这也是错误的想法。"

"你说你手里这台计算机是一个具有基础属性的高层级对象，但是你所说的'基础'到底是什么意思？"

"我的意思是，这些描述这个世界的原则是深刻的、普遍的真理，而非碰巧是正确的。"戴维说，"举个例子，假设存在一个太阳系，其中有8颗行星，并且前3颗都是岩质行星。我们知道这是真的，因为我们就生活在这么一颗行星上，而我们并不认为这是一条基本的陈述。但是我们却认为能量守恒定律是更深刻的真理，因而可以成为未来的理论的向导。当我们试图写下基本粒子有可能会遵循的新定律时，往往也要让新定律符合能量守恒。我们把它当作一个不需要用其他任何东西来解释的原则。"

"你的意思是，虽然这是一条基本原则，但是由于它在所有条件下都适用，因此它并不是还原论？"

"我们没有从其他定律中推导出能量守恒定律，"戴维解释道，"我们只能从它推导出其他定律。当然，能量守恒定律有可能是错误的，但是要说它是错的，你就需要解释清楚它错在哪里。例如，有些人指出广义相对论不遵守能量守恒。要是真的有谁能证明这一点，那你就会抛弃这条原则。这是有可能的，因为广义相对论在某些方面有些不尽如人意，这一点你也知道。我们需要一套量子引力理论。"

我提出了自己的看法："也许我们没有发现量子理论的原因在于，我们过分局限于在更小的尺度上找到更基本的定律。万一不断缩小研究的尺度这样的做法就是错的呢？"

"没错！"戴维深表认同，"如你所知，我曾提出过一个建构子理论（constructor theory），在该理论中，基本定律就不具备还原性。目前这还只是一套非常粗糙的理论，但研究最初总是要冒险一试。在建构子理论中，低层级的、微观的规律都是高层级规律的涌现性质，反之则不成立。"

"你听说过因果排他性原则吗？"我问道。

"没有。"

"这似乎与你刚才说的内容有所矛盾，"我解释道，"在粒子物理学中，我们会有这样的想法：如果我们把较小的东西组合成较大的东西，那么就可以从小东西的规律中了解大东西会有何表现，在这一过程中我们会使用有效场论的数学框架。如此一来，我们就拥有了描述宏观事物的规律。因果排他性原则认为，既然我们已经掌握了宏观事物的规律，那么要么其他任意宏观规律可以从我们已有的规律中推导出来，要么这二者间必然有一个是错误的。[3]"

戴维答道："宏观物体的动力学定律是决定论的，并且可以从微观定律中推导出来，我对此没有异议。但这也并不意味着这种解释就一定准确。"

我还是不确定自己是否完全理解了他的话，追问道："所以建构子理论不是还原论的意思就是，解释并非从小尺度开始进行？"

"没错。举个例子，我们现在假设，在建构子理论中有一条基本定律认为存在通用计算机。事实上，我们可以尽情地假设存在具有任意大内存的通用计算机。这个东西——"他又指了指那台笔记本电脑，"只是一种近似，但是在未来会有更大内存的计算机，在无限久远的未来则会有无限内存的计算机。出于论证的目的，假设这确实是一条基本定律，但其他的基本定律具有还原性，比如量子力学和基本粒子的相互作用等。"

"那么，通用计算机的存在加上微观的动力学定律就可以转化出有关宇宙初始状态的描述，但是转化的方式却相当棘手。我们无法实际计算初始状态必须具备的所有性质，只知道其最终结果是产生了通用计算机。有人会在这里就推翻这个理论，他们会说这是一种目的论的理论。但它不是那种陈旧的目的论，我们必须解释为什么宇宙中会有计算机。哪怕是我们面前这种计算机的存在，也会使物理定律变得极不寻常——这就像化学元素的存在一样奇特。这是我们观察到的这个世界的一个特征，而我们尚未对此做出解释。"

我说："但是，把你想要解释的东西放进你的理论中当然无法解释它。如果你只是认为宇宙就是会演化产生计算机，这完全解释不了任何东西。"

"对，"戴维说，"你还可以说，我们之所以坐在这里，而你对我说的话表示怀疑，是因为你要写一本里面写着'而我对他说的话表示怀疑'的书；同时，你要在书里写下这句话就是你现在表示怀疑的原因。这是相同的观点，但它完全没有解释任何东西。我不得不像这样用计算机来举例是因为我们还没有能够解释清楚的理论。"

"好的，"我说，"所以你的意思就是，可能会有这样一种理论，其性质就是可以继续产生具有无限内存的通用计算机，但你不知道这个理论是什么。"

"是的，"戴维表示肯定，"但我们的建构子理论对这类事情很宽容。设想存在这种类型的解释性理论并不愚蠢。"

回到未来是否已被决定的问题上，我问道："你刚才说你对动力学定律是决定论的这一点没有异议。那么你会出于这一原因认为一切事物都是决定论的吗？这里指的不仅是计算机，也包括人类的意识和行为，等等。"

戴维道："都是决定论的。从逻辑上讲，某一时刻的状态是由其他时刻的状态和动力学定律共同决定的。但有可能只有较早的事件能解释较晚的事件，反之则不然。"

"但仅仅是决定论的也并不意味着它是可预测的，"我说，"你的意思是一切事物实际上也都是可以预测的吗？"

"非也，"他说，"原因有三：首先，在量子力学中，我们无法完全准确地测量状态。因此，即使我们知道每个状态将如何演化，我们也不知道实际的状态是什么样，因为它无法测量。"

　　"其次是混沌。现在，量子力学中并不存在混沌[①]，但是像计算机和大脑这样的东西在它们各自发挥作用的层级上确实存在混沌，所以这意味着即使计算机中只有一个比特的信息发生了改变，其未来的行为也会发生极大的变化。因为我们无法近乎完美而精确地测量自己的状态，所以我们是不可预测的。

　　"最后也是最重要的原因是，我们无法预测将来的知识会如何增长。任何一个理论，无论它有多好，它都不可能预测其后继者的内容。假如你现在把一个人放进一个玻璃球里，不允许他与外界进行任何互动。你可能认为原则上你可以预测出所有他将会做的事情，但这是一种错觉。如果这个人提出了什么新的想法，比如一个新的物理定律，你在开始实验的时候是不可能预料到这一点的。如果你的计算机预测出了他要做的事情（比如在第一天计算出了他在之后的7天里将会做的事情），那么在他真的提出新想法之前，你就已经得到了原本应该由他提出的新定律，于是计算机所执行的计算实际上是一个人类的思考——它就是这个人。所以为了计算他将来会做什么，你必须把他从密封的玻璃球里带出来，然后把他放进电脑里，以虚拟的形式运行他。不得不说，我认为无论是以虚拟的形式还是现实的形式来管理一个人，其结果都是完全一样的。思考就是一种计算。"

　　"所以你的意思是，这将不再是一个预测，因为如果真能那样预测的话，你的电脑里就是真东西了？"

---

① 量子混沌的含义依赖于"混沌"这个词的非标准定义，这与戴维所说的并不矛盾。

"是的，"戴维说，"我们无法预测未来知识的增长，因为如果可以的话，那我们就能在试图进行预测的那一刻之前获得新的知识。这是知识的一个特征，它会导致不可预测性，即便在决定论系统中也是如此。"

"那么回到我们之前谈到的问题，"我说，"如果我们坚持通过缩小尺度来将规律还原为更基本的规律，那么知识的增长就无法解释吗？"

"在其他众多情况下，确实如此，"戴维说，"原子论是在没有证据的情况下被设想出来的。古希腊人遇到的问题是，假如世界是一个连续体，那么要想从A点出发到达B点，你需要在中途经过无数个点；而假如世界不是连续的，那你要如何从一个离散点前往下一个点？这两种说法似乎都不太可能。为了寻找出路，古希腊人发展出了原子论。这个理论在当时可能看起来很深奥，甚至根本没有任何实际意义，但是所有好东西都源于这样的想法。这也是我对粒子物理学、还原论和整体论的看法。它们都应该服务于解释世界的任务。"

而我对他说的话表示怀疑。

小结

如果你能预测知识的增长，那么你的知识就不会增长。

05.

是否存在另一个自己?

多世界

关于量子力学的科普新闻总是让我既困惑又沮丧。给我一个方程式,我可以求出它的解。但如果你告诉我,量子力学可以让人把猫和它的笑容分离开来①,或是一项实验表明"维格纳和他的朋友之间存在不可调和的分歧"② 1,我会在任何人请我解释清楚这些乱七八糟的问题之前悄悄溜走。我听过无数人本着善意向我介绍量子力学,其内容包括但不限于量子鞋、量子货币、量

---

① 指的是量子柴郡猫现象,即微观粒子的物理性质可以与其本体分离,就像柴郡猫的本体凭空消失后,它的笑容还挂在半空中一样。——译者注

② 指的是"维格纳的朋友"思想实验,由诺贝尔奖得主、物理学家尤金·维格纳提出,在该思想实验中,维格纳和朋友对一只猫是死是活的状态产生了分歧。——译者注

子盒子以及一整个动物园的量子动物不断进出这些盒子。如果你真的能听懂这些解释，那么请接受我的敬意，因为如果我从来就没有搞懂过量子力学的原理，我以后也还是不会明白的。

我告诉你这些倒不是想搅和你对量子鞋的兴趣，而是为了让你了解我的知识背景。我非常喜欢数学，但是我个人认为把数学翻译成日常语言是没有必要的，抽象的数学结构最好是按照它们本身的方式来处理。它们不需要被解释，也不需要被直观地理解。它们不需要"像"其他任何东西，在大多数情况下，它们就不像。我们之所以要使用这些数学公式，完全是因为没有其他类似的东西能替代数学。

对我来说，量子力学是使用直观语言来处理抽象数学时会出现错误的绝佳范例。以叠加为例，在量子力学中，我们会将初始状态输入薛定谔方程来计算它们如何随时间变化。薛定谔方程具有这样一个性质：如果我们已经求得了两个不同初始状态的解，那么这两个解的和以及每个解与任意数字的乘积也都是方程的解。[1]这种加和就是所谓的叠加，纠缠态就是一种特殊的叠加态，它同样也是加和，就是这样而已，那么量子力学中的那些稀奇古怪的故事都去哪儿了？

只有当你试图用语言来表达数学时，这种奇怪的感觉才会出现。如果薛定谔方程的一个解对应的状态描述了一个向右移动的粒子，另一个解对应的状态描述了一个向左移动的粒子，那么

---

[1] 这仅仅意味着它是一种线性方程，与混沌系统和广义相对论中的非线性方程不同。

它们的和会是什么?"粒子同时向两个方向运动",我想这样的表述你近年来应该已经见过很多次了。这能充分描述什么是叠加吗?说实话,我不知道。我只能告诉你"这是叠加"。

当然,我理解用语言来表达数学的必要性,因此我自己在没有时间和空间来描述细节的时候也会借用比喻来解释叠加。我写这本书的时候也在不断做这样的事:略去数学计算,让你大致了解这一切是什么意思。但是你也要知道,量子力学的很多内容之所以看上去如此怪异,恰恰是因为它们被强加到了日常语言当中。根本就不存在什么精准的比喻,量子力学中没有,其他领域也没有,因为它们如果足够精准,就不叫比喻了。

给量子力学冠上奇异、怪异或诡异的头衔,造就吸引眼球的头条新闻,这对人们理解量子力学而言根本毫无帮助,我也觉得科普媒体对这些词的使用有些过于频繁,并且口吻也过于调侃。我同意菲利普·鲍尔(Philip Ball)的观点,量子力学已经诞生 100 多年了,现在是时候让量子力学"走出怪异"了。[2] 话虽如此,我们不妨看看量子力学对来世有何看法。

○　　○　　○

如果没有量子力学,那么自然规律就是决定论的。换言之,这意味着你只要掌握了一个初始状态,就能清楚地计算出任意时间所发生的事情。比如一支笔掉到地上的过程,如果你能精准地测量出这支笔的位置和开始掉落的时刻,也知道它周围所有空气分子的精确位置和运动，那你就能计算出这支笔将会在何时以何种方式落地。

当然，我们无法精准测量所有空气分子的位置；即便可以，用这些信息来进行预测也是不可行的。但是从理论上讲，在不考虑量子力学的情况下，任何关于结果的不确定性都只会源自我们对初始条件掌握得不够全面。我们将这些非量子的理论称为**经典理论**。

量子力学的原理与之不同。在量子力学中，我们用波函数来描述一切事物。电子有一个对应的波函数，光子也有一个对应的波函数；同样，西柚和大脑也有对应的波函数，甚至整个宇宙也有对应的波函数。这些波函数的演化有一部分是决定论的，但是每当我们测量它们的时候，它们都会发生非决定论的跳跃。

这些跳跃并非完全不可预测，我们可以预测它们发生的概率，以及它们最终将以何种方式收场的概率，但它们有一部分在本质上就是随机的。在量子力学中，测量结果的不确定性并不是源于我们对初始条件不够了解；根据量子力学，测量结果就是不确定的。

量子力学这种不可预测的随机性并不局限于亚原子尺度，所以你不能把它当作科学家会在实验室里偶尔看到的一种无关紧要的异象而置之不理。正是因为测量结果是不可预测的，所以你我这样的宏观对象才会表现出随机性。

假设一个实验人员在屏幕上观测闪光，她决定，若粒子出现在屏幕左半部分的话就立马回家，若粒子出现在屏幕右半部分则继续留在实验室里。也许这简简单单的一个粒子就决定了她会不会在高速公路上出车祸，一个量子事件的随机性足以改变她的一生。这样的事情不只会发生在实验室里，例如，当宇宙射线击中活体组织时，遗传密码可能会遭到破坏，而这也能归结为量子的不确定性。

但是，尽管量子力学是一个极其成功的理论，但自从该理论于 20 世纪初诞生以来，关于其数学意义就一直存在争议。有些人认为，自然不可能从根本上是随机的，故而量子力学不够完善，比如爱因斯坦就声称"上帝不掷骰子"；另一些人则认为，我们只需要克服老掉牙的决定论思想即可，比如量子力学的创始人之一尼尔斯·玻尔。

今天的大多数物理学家都忽略了这两种观点的激烈交锋，而是将量子力学作为一种做出预测的工具，摒弃过多的思考。这种"闭上嘴，踏实算"的态度是很务实的做法，我们在量子力学领域的进展也因此突飞猛进，所以我们不应该对其一笑置之。然而，许多从事基础物理研究的人都认为，忽视量子力学的问题是不对的，因为我们可以在解决这些问题的过程中学到很多东西。

为了理解量子力学的问题，请先回想一下爱因斯坦的狭义相对论：没有任何东西能快过光速。然而在量子力学中，在你进行测量的那一刻，概率就会立刻发生变化，而且这种变化会瞬间传递到各处。这种波函数修正是**非定域性的**，正如爱因斯坦所说，这是一种"幽灵般的超距作用"[3]。可惜的是，在测量的过程中，没有任何信息的传递速度能超过光速。事实上，我们可以借助量子力学，从数学上证明信息传递的速度不可能超过光速。[4] 所以这个理论并没有什么具体的错误。它只是让人感觉不对而已。

研究人员已经提出了很多种应对这种情况的方法。有些人认为量子力学根本就不是一种正确的理论，我们必须用更好的理论来取代它。我本人研究过这样的可能性[5]，但因为这实际上只是一种推测，并且有些偏离主题，所以我不想在这里深入讨论它。为了本书行文的流畅起见，我在下文中将只介绍那些得到广泛认可的研究的现状。

如果不想修改量子力学，那你可以尝试用不同的方式来诠释其背后的数学，以求使量子力学更说得通一些。这样的诠释有很多，比如尼尔斯·玻尔就曾提出过，我们不能把波函数看作真实存在的事物。玻尔认为，波函数只是一种预测测量结果的装置，但是如果你不进行测量，那么询问实际情况如何就毫无意义。这通常被称为哥本哈根诠释或者标准诠释，因为这是教科书中出现频率最高的一种诠释。

许多物理学家都不喜欢被人告知他们不应该提出问题，所以他们试图寻找其他更直观的方法来理解数学。戴维·博姆就提出了别的解释，我们今天称其为博姆力学。

博姆重新构造了量子力学的方程，使它们看起来更像是经典力学的方程。在博姆方程中，波函数仍然存在，但是现在它描述了一个"引导"粒子的场。根据博姆的解释，测量结果的不确定性就源自我们掌握的信息还不够，和经典物理学中的情况一样。可是博姆力学也指出，这种信息缺乏是永远无法弥补的，其最终结果与哥本哈根诠释完全相同。博姆力学一直以来都较为冷门，但直到今天也依然有人信奉该理论。

休·埃弗里特（Hugh Everett）开创了另外一种解释量子数学的方法，布赖斯·德威特（Bryce DeWitt）进一步发展了这种方法。他们认为，我们应该摆脱测量修正，回归决定论的演化。在多世界诠释中，每种可能的测量结果都会出现，但它们只会出现在各自的宇宙中。回想一下那个粒子各有50%的概率击中屏幕的左半部分或者右半部分的实验，如果采用多世界诠释，那么这个粒子在某个宇宙中会击中右半部分，而在另一个宇宙中则会击中左半部分。在那之后，这两个宇宙将永远分离开来——它们将沿着自己的分支继续演化，正如"多世界"的字面意思所表明的那样。

说到这里，我必须澄清一个有关多世界诠释的常见误解。你可能曾经见过这样一种解释量子力学原理的方法，即一个粒子在从初始位置运动到最终位置的过程中会穷尽每一条可能的路径。举个例子，如果有人将激光束对准有两条狭缝的屏幕（著名的双缝干涉实验），那么激光束中的每个粒子都会穿过这两条狭缝。这可不是在说有一部分粒子会穿过左边的狭缝，另一部分则穿过右边的狭缝，而是每个粒子都会穿过这两条狭缝（参见图8）。

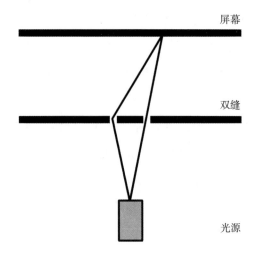

屏幕

双缝

光源

图8　我们可以这样解释双缝实验：每个粒子都会同时走过这两条路径。图中显示的是到达特定位置的粒子最有可能走的两条路径

这也是对数学的一种解释，它最初是由费曼提出的，被称为路径积分法。从数学上讲，你必须对所有可能的路径求和，才能算出粒子到达特定位置的概率。长话短说，路径积分得出的结果与薛定谔方程的原始公式相同，但物理学家更喜欢使用路径积分，因为这种方法可以推广到更加困难的情况。

你可以把路径积分解释为粒子在不同宇宙中走过了每一条路径。就个人而言，我认为这是一个相当没有意义的陈述，因为数学中没有任何东西能表明这些路径位于不同的宇宙中，但它也谈不上错。我完全赞成大家用不同的方式来看待数学，因为这样总能带来新的见解。所以我接受这一解释。

然而，路径积分中的不同路径（或者说不同宇宙）只会在测量前存在。而多世界诠释认为其他宇宙在测量后依然存在。所以光凭能借助路径积分来表述量子力学这一点也并不意味着多世界诠释是正确的,二者根本就是两码事。

多世界诠释的关键特征在于,宇宙在每次量子测量发生的时候都会分裂,创造出我们耳熟能详的"多元宇宙"(multiverse)①。我们此前提过(我为在这些讨论中使用了这么多术语而表示歉意),即使是与空气或者宇宙微波背景的相互作用,也都能引发测量,因此这些相互作用也会迅速生成大量宇宙。这样的观点让众多物理学家感到很不自在。

该观点的问题在于,没有人亲眼见过宇宙分裂。根据多世界诠释,这是因为测量仪器及其扩展(比如你和我)会和宇宙一起分裂。是什么决定了你要进入哪个宇宙?哦,你应该是每个宇宙都去过了。因为多世界诠释与我们的亲身经历并不符合,所以它需要更深入的假设(除了薛定谔方程以外),才能说明如何计算进入某个宇宙的概率。这就把非决定论从后门悄悄带进来了。

数学上的细节我就不一一介绍了,它们都不是很重要。现在的结果就是,你需要添加足够多的假设,才能重现之前测量修正那一套的预测。这些假设的存在是有原因的——它们是描述观测结果的必要条件,如果把它们抛开,这个理论就无法给出正确的预测。事实上,我们并不会观测到一个实验所有可能的结果。

这意味着,就计算而言,多世界诠释与标准诠释的量子力

---

① 从词源的角度上说,把"多元宇宙"称为"宇宙",把我们之前称之为"宇宙"的东西叫作"亚宇宙"(sub-universe)更合理。但是语言很少遵循逻辑规则。

学做出了完全相同的预测，它们来自表达方式不同但等价的假设。二者主要的区别不在于数学，而在于信念。主张多世界诠释的人认为，其他所有宇宙（也就是那些我们观测不到的宇宙）都和我们的宇宙同样真实。

但是它们的真实是何种意义上的真实呢？根据定义，不可观测的宇宙对于描述我们的观测结果来说是不必要的。因此，假设它们是真实的也是不必要的。科学理论不应该包含不必要的假设，一旦开了这个口子，那我们就同样要允许上帝创造宇宙的假设存在。这些多余的假设并没有错，它们只是无关乎科学。多世界诠释所陈述的其他宇宙的真实性就是这么一个和科学无关的假设。

我必须强调，这并不意味着多世界诠释中的平行宇宙是不真实的，只是说，有关其真实性的表述无关乎科学。你可以自己选择相信或是不相信，而科学不会也不能告诉你什么才是正确的。相反，这也意味着，在某处存在着无穷多个"你"这样的想法，与我们所掌握的一切并不冲突。这是一个与科学相容的信念体系。

不过，这确实会引发一些奇怪的后果。由于我们大脑中的所有过程本质上都是量子过程，所以你做出每一个决定时，在其他宇宙中都会有另一个"你"选择了别的选项。如果你不相信量子效应可以做出决定，有一个手机应用程序可以解决这个问题，它叫宇宙分裂器（Universe Splitter）[6]，它会替你朝一面半透明

---

① Universe Splitter 目前已上架苹果的应用商店，该应用声称可以远程控制一个由瑞士联邦计量研究院认证的位于日内瓦的光子发射装置。——译者注

的镜子发射一粒光子，你可以根据它能否穿过镜子来决定是吃意大利面还是吃鸡肉、接受还是拒绝、吃下红色药丸还是蓝色药丸[1]。与此同时，其他宇宙中的另一个"你"选择了那个被你放弃的选项。

这已经够神奇的了，但要展现多元宇宙所造成的奇怪后果，最完美的例子还要数量子自杀。假设你现在不断重复着一项实验，其中有一个量子过程有50%的概率会导致你死亡。由量子力学标准诠释可知，每重复一次实验，你存活的概率就会下降一半。在实验重复到第20次的时候，你死亡的概率会达到99.999 9%。

然而，根据多世界诠释，你并不会在每一轮实验中都有50%的概率死亡。当你第一次进行实验的时候，宇宙会分裂成两个宇宙，其中一个宇宙的你活着，而另一个宇宙的你死了。在第二轮实验中，两个宇宙又一次分裂，现在就有了4个宇宙。在其中的两个宇宙中，由于你已经在第一轮实验中死亡，所以第二轮实验无关紧要。剩下的两个结果中，一个是你在第一轮实验中幸存，但是在第二轮实验中死亡；另一个则是你在两轮实验中均存活下来。再进行一轮实验，4个宇宙将会分裂成8个，以此类推（参见图9）。20轮实验过后，你有100%的可能依然存活，但只是在上百万个宇宙中的一个宇宙里存活。

---

[1] 出自电影《黑客帝国》，主人公尼奥要在蓝色药丸和红色药丸中做出选择：吃下蓝色药丸可以在虚拟世界中继续生存，而吃下红色药丸就能走出虚拟世界，回到现实世界。——译者注

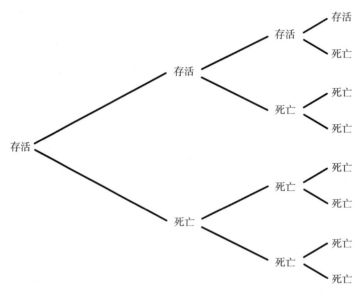

图 9　量子自杀的多重世界

这个结果好像更好接受一些。每一个分子过程都可以归结到量子力学，这意味着无论一个人的死因是什么，他都有一个极小但不为零的概率存活下来——量子随机性使这一可能性成立。疾病总是有可能会自行缓解，细胞损伤总是有可能会突然复原，心脏在停搏之后总是有可能会重新开始跳动。即使这些情况发生的可能性微乎其微，但根据多世界诠释，它们一定会在多元宇宙的某一分支下发生，对我们每个人来说都是这样。

当然，这也意味着在多元宇宙中会有这样一个分支，恐龙的足迹依然遍布全球，希特勒从未出生，而喷雾奶酪①也没有被

---

① 一种装在钢瓶中的奶酪，可以通过喷嘴均匀地涂抹在面包上，在美国很受欢迎。——译者注

发明出来。我们显然没有活在这样的分支之下，那么我们该如何理解这一切呢？

如果你相信多世界诠释，那么对我们这个宇宙中的概率的推演就变成了对多元宇宙分支数量的推演。因为你不能回到过去选择另外一条分支，所以这些概率就对应了你目前对于这个宇宙的观测结果。实际上结果还是一样的：恐龙灭绝了，第二次世界大战爆发了，喷雾奶酪销量极佳。你可能不会在多元宇宙的所有分支中全都死去，但你（或者恐龙）存活的概率也会下降。结果跟标准诠释所阐述的一样。这也是为什么没有人真的去尝试量子自杀：这会减少他们能够存活的宇宙的数量。

就观测而言，多世界诠释不会带来任何变化。但如果你愿意相信有无数多个"你"正经历着一切可能的其他模样的人生，也完全可以。这种信念与科学并不冲突。

多重语咒

多世界诠释只是多元宇宙的一种。在过去的几十年间，还有其他一些多元宇宙模型受到了大规模的追捧。

其中有一种来源于暴胀理论，也就是我们之前提到过的那个宇宙早期呈指数式膨胀的假设。有人提出了一种能创造出宇宙暴胀的机制，将该假设扩展成了永恒暴胀。目前最流行的方法是，猜测存在一个内部随时随地都在发生大爆炸的多元宇宙。由其他大爆炸创造的宇宙可能与我们的宇宙相似，或者也有可能具有不同的自然常数，从而具有完全不同的物理规律。

　　由不同大爆炸产生的自然常数有可能存在差异的这种观点来自另外一种多元宇宙理论：弦论景观。弦论学家起初希望能够计算出自然常数，但是没能取得成功，于是他们现在声称，既然他们无法计算出这些常数，那一定就意味着多元宇宙中存在着所有可能的取值。

　　你可以把所有不同的多元宇宙结合成一个元宇宙。

　　和多世界诠释一样，在别的多元宇宙里，除了我们宇宙之外的所有其他宇宙，也是在构造上不可观测的。[①]这些宇宙中存在着很多个"你"，但是他们产生的原因各有不同：初始状态的微小变化可以导致宇宙的历史与我们这个宇宙几乎相同，但不会完全相同。当然，我们实际上并不知道，而且永远也不会知道，多元宇宙的初始状态实际上是什么样，因为我们无法收集到有关它们的观测证据。这只能是纯粹的猜想。

　　因此，这些多元宇宙思想在科学中的地位与多世界诠释是一样的。假设一些不可观测事物的真实性对描述我们的观测结果来说并无必要，因此，假设其他宇宙真实存在也一样无关乎科学。

　　这理解起来没有多难，所以在发现那些研究物理学的同事们居然无法理解这一点时，我大受震撼。不可避免地，他们会声

---

① 某些版本的多元宇宙理论会产生可观测结果，例如我们的宇宙可能会与其他宇宙发生碰撞或纠缠。可惜，就那些观点可证伪的程度而言，它们已经被证伪了。因此，在这里讨论它们毫无意义。

称:"那你岂不是也可以说,谈论黑洞的内部是不科学的。"但是黑洞的情况完全不同。首先,你完全可以(理论上!)观测到黑洞里面有什么,只是你不能再回来告诉我们结果了。更重要的是,黑洞会蒸发,所以它们的内部不会永远与我们相隔绝。当黑洞蒸发时,其视界会逐渐缩小,直至消失。如果不是这样,那我的确会质疑讨论黑洞内部的科学价值,但事实就是如此。

"但是,"他们会接着争辩,"因为光速是有限的,而宇宙只有 137 亿年的历史,即使宇宙无限大,那我们也只能看到宇宙的一部分。"是,我当然不会相信我们可见范围之外的宇宙就不存在了。

然而我已经解释过很多次了,这与我信或不信无关,而是我们有没有可能去了解。超出我们观测范围的事物就只是纯粹的信念,科学对其存在与否不予置评。无论声称它存在还是不存在,都无关乎科学。如果你想讨论这件事,没有问题,但请不要做出一副是在谈论科学的模样。对话至此,我的这些同事要么会感到有些困惑,要么觉得受到了冒犯,有时两者皆有。

我一直坚持,要让物理学家洗心革面,不要将信念与科学混为一谈,因为他们造成的混淆在大众面前一览无余。从布赖恩·格林到伦纳德·萨斯坎德,从布赖恩·考克斯到安德烈·林德,很多物理学家都公开讨论过多元宇宙,仿佛这就是最好的科学实践。而且多元宇宙的概念还吸引了媒体的大量关注,这给科学共同体在维持其成员较高的准入门槛方面增加了难度。

2016 年美国共和党总统参选人本·卡森是这种负面影响的一

个典型案例。卡森曾是一名神经外科医生，他似乎对物理学掌握得不多，仅有的一些了解应该也只是从多元宇宙理论的忠实拥趸那里学来的。2015 年 9 月 22 日，卡森在俄亥俄州的一所浸会学校发表演讲时说道："科学并不总是正确的。"[7] 这句话当然没什么问题，但是他紧接着又开始取笑多元宇宙，以支持自己的科学怀疑论：

> 之后他们转向了概率论，并且指出："但如果在足够长的时间里发生过足够多的大爆炸，那么其中必将存在一个圆满无缺、尽善尽美的大爆炸。"

在前段时间的一次演讲中，他兴高采烈地补充道："我的意思是，你想聊聊童话故事吗？这太神奇了！"[8]

从卡森的论述中可以明显看出，他对热力学和宇宙学有很多误解[9]，但其实这并不是重点。我并不指望神经外科医生是基础物理学方面的专家，而且我希望卡森的听众也别抱有这种期待。重点在于，他向我们表明，如果科学家将事实和虚构混为一谈，大众则会将两者一同抛却。

卡森在演讲中继续说道："然后我会对他们说，'听着，我不会批评你们的，你们比我有信心得多……这是你们的优点。但我不会因为你的信仰而诋毁你们，你们也不应该因为我的信仰而诋毁我。'"

在这一点上我同意他的看法，任何人都不应该因为自己的信仰而遭受诋毁。如果你相信存在着无穷多个宇宙，这些宇宙中有无穷多个"你"，甚至其中有一些"你"是永生不灭的，我也完全没有意见。但是请不要一副在谈论科学的模样。

我们是否生活在计算机生成的模拟环境中？

我很喜欢我们生活在计算机生成的模拟环境中这样的想法，它给了我希望，让我相信接下来一切都会变得更好。这种被称作模拟假说的理论被物理学家所忽视，但是哲学家和那些自认为是知识分子的人却对此颇感兴趣。显然，你越不懂物理，这个理论对你就越有吸引力。

模拟假说与哲学家尼克·博斯特罗姆的联系最为紧密，他认为（在给出某些假设的前提下，我会在稍后展开讨论）纯粹逻辑迫使我们得出这样的结论：我们是模拟的产物。[10] 埃隆·马斯克对此就很买账，他的原话是："我们很可能身处于模拟当中。"[11] 甚至连尼尔·德格拉斯·泰森也认为，模拟假说有"超过 50% 的概率"是正确的。[12]

但我对模拟假说感到恼火。这倒不是因为我担心人们真的会采信它，大多数人都明白这个想法缺乏科学的严谨性。模拟假说让我感到恼火是因为它入侵了物理学家的领地。这是一个关于自然规律的武断主张，它根本没有关注我们对自然规律的了解。

笼统地说，模拟假说认为，我们所经历的一切都是由某种具有智慧的存在所编码的，而我们只是计算机代码的一部分。认为我们生存在某种计算之中的观点本身并不是一种多么离谱的主张，毕竟据我们目前所知，自然规律的底层逻辑是数学，所以你也可以认为宇宙实际上只是在计算这些规律。你可能会觉得这样的术语听起来有些奇怪，我也同意这一点，但这并不是争议所在。模拟假说的争议之处在于，它假设存在着另一层级的现实，某些存在或者事物在那里控制着我们眼中的自然规律，有时甚至会出手干扰这些规律。

一神教一般都具有一个类似的要素：信众都信奉有一种可以干扰自然规律的全知全能的存在，但出于某些原因，我们看不见它。不同之处在于，信奉模拟假说的人认为他们的信念是通过推理得到的。他们的论证逻辑往往紧随尼克·博斯特罗姆的观点，大致如下：如果有很多文明（前提1），而且这些文明建造了计算机来模拟有意识的存在（前提2），那么除了真实的存在之外，还有许许多多被模拟的有意识的存在，因此你很有可能生活在计算机模拟之中（结论）。

首先，这条逻辑链条的两个前提中可能有一个，甚至全部是错的。也许根本不存在其他文明，或者即使存在，它们也对计算机模拟不感兴趣。当然，这也不能说明那些人的观点是错的，只能说明无法得出这样的结论。但我不会考虑这些前提错误的可能性，因为我认为目前我们还没有充足的证据能证明它们究竟是对还是错。

我看到，人们在抨击博斯特罗姆的观点时，最常批评的就是他假设了模拟类人意识是可行的。我们不知道这到底有没有可能实现，但是在这种情况下，若要假设其不可能，那也要解释清楚。因为据我们目前所知，意识只是某些处理大量信息的系统所具有的属性，不管其处理信息的物理基础是什么。它可能是神经元或晶体管，也有可能是认为自己是神经元的晶体管。我认为意识能否模拟并非问题的关键。

博斯特罗姆的观点中真正有问题的部分在于，他认为，只用程序员运行的各种底层算法，而不是物理学家以极高的精确度证实的自然规律，来重现我们所有的观测结果是有可能的。我认为博斯特罗姆并非有意为之，但他话里话外确实透露着这层意思。他含蓄地宣称，用其他东西来重现基础物理学是很容易的，这才是问题的关键所在。

首先，量子力学描绘的现象是传统计算机在有限时间内所无法计算的。[13]因此，我们至少需要一台量子计算机来进行模拟。这是一种使用量子比特来运行的计算机，而量子比特则包含两种状态的叠加（比如0和1）。

不过，目前还没有人知道如何通过计算机算法来重现广义相对论和粒子物理标准模型。手舞足蹈地大喊"量子计算机"可没什么用。你可以用计算机模拟来近似地获得我们所知道的定律，这也是我们一直以来的做法，但如果这确实就是自然的运作方式，我们应当能够分辨出来。事实上，物理学家一直在探究自然法则是不是真的就像计算机代码一样是一步一步进行下去的，但是他们的研究却一直徒劳无功。[14]我们之所以有可能分辨出其中的差别，是因为目前所有用算法再现自然规则的尝试，都与爱因斯坦的狭义相对论和广义相对论的完全对称性相矛盾。想超越爱因斯坦可没那么容易。

无论程序员根据想象模拟出的更高层级的现实中会有怎样的规律，这个问题都会存在。我们目前还不知道有哪一类算法能模拟出我们所观察到的规律，更不知道这类算法要在什么样的设备上运行。如果我们能做到这一点，那么得到万物理论就指日可待了。

博斯特罗姆的观点还有一个问题是，一个文明需要具备模拟许多种有意识的存在的能力才能使之成立，而这些有意识的存在本身也会尝试模拟其他有意识的生物，以此类推。虽然你可以假设只用它的输入信息模拟出一个大脑，但是在这种情况下，我们很可能生活在模拟当中，因为模拟的大脑比真实的大脑要多的这个结论就说不通了。你必须模拟出很多大脑，但这也意味着你必须压缩宇宙所包含的全部已知信息，否则你的模拟很快就会将磁盘空间耗尽。因此，博斯特罗姆不得不假设，这个世界上存在一些目前不太引人注目的地方，这些区域的细节可能无法深究，它们存在的意义只是填满那些空间以防有什么人观测。

不过，他又一次没有解释其背后的原理。什么样的计算机代码可以做到这一点呢？什么样的算法可以识别有意识的子系统，然后根据其意图快速填充所需的信息，从而不至于产生明显的不一致呢？这个问题比博斯特罗姆以为的要复杂得多。这不仅意味着我们要假设意识在计算上是可还原的（否则你就无法在别人观测之前预测出他们会将目光投向哪里），而且一般来说，你不光要抛弃小尺度上的物理过程，并且还要得到大尺度上的正确结果。

全球气候模型就是一个很典型的案例。我们目前的计算能力还无法精确预测尺度小于 10 千米的区域的现象，但你不能对所有小于这一尺度的物理现象置之不理。这是一个非线性系统，因此小尺度的细节会影响到大尺度的结果——一只蝴蝶扇一扇翅膀，可能会引发一场龙卷风，诸如此类。既然你无法计算小尺度的物理过程，那么至少要找到合适的东西来替代它，但是哪怕是在近似的程度上做到这一点都殊为不易。气象学家之所以能得出大致正确的结果，是因为他们拥有观测数据来检测他们的估算是否有效。如果你像模拟假说中的程序员那样只能模拟，那你就做不到这一点。

这就是我对模拟假说的看法。信奉者可能在不知不觉中对计算机可以重现怎样的自然法则做出了很大幅度的假设，而且没有对其原理进行解释。但是想找到与我们所有观测结果相匹配的替代解释极其困难，我早该知道会是这样的结果了——我们在基础物理学中同样屡屡碰壁。

也许你现在有点儿忍不住要翻白眼：算啦，让书呆子们找点儿乐子不行吗？当然，这场对话的个别部分只是一种智识上的娱乐活动。但是我并不认为推广模拟假说只是找点儿乐子，没有什么坏处。模拟假说往往会把科学和宗教混为一谈，这通常是一个坏主意，而且我确实认为，值得我们担心的问题远远不只是可能有人会拔掉计算机的插头。

总之，模拟假说并不是严肃的科学论证。这并不意味着它是错误的，但是假如你信奉这一观点，你只是有这样的信念而已，不要以为你的立场多么有逻辑。

小结

多元宇宙中存在另一个自己这一想法是不科学的，因为那些"你"既不可观测，对于描述我们的观测结果来说也是不必要的。多元宇宙理论的推动者是这样一群物理学家，他们信奉数学的真实性，认为数学不只是描述现实的工具。因此，你尽可以相信存在另一个"你"，但是没有证据能够证明这是对是错。我们的宇宙是由计算机生成的模拟环境，这一假设不符合当前的科学标准。

物理学是否排除了自由意志存在的可能？

逃避的泥潭

在有关自由意志的讨论中，主要的问题在于哲学家提出了一大堆定义，但是这些定义与非哲学家对自由意志的理解毫无关系。其实我很想把"哲学家"这个词换成"普通人"，但这样可能有些无情，而我不想这么无情，绝对不想。

出于这个原因，我想先在不使用自由意志这个术语的前提下表述这个问题。目前确立的自然规则是决定论的，其中伴有量子力学的随机性。这意味着除了我们无法影响的偶发量子事件之外，未来是确定的。混沌理论也包含在内——混沌规律仍然是决定论的，只是它们非常难以预测，因为所有结果都与初始条件高度相关，一旦初始条件发生细微的改变，就有可能带来巨大的变化（比如蝴蝶效应）。

　　因此，我们的生活并不是豪尔赫·路易斯·博尔赫斯口中"小径分岔的花园"[1]，其中每条路都对应着一个可能的未来，而哪条路会成为现实则取决于我们自己（参见图 10）。自然规律不是这样运行的。在大多数情况下，这片花园中其实只有一条路径，因为量子效应很少在宏观上表现出来。你今天所做的一切都源自宇宙昨天的状态，而昨天的一切又都源于宇宙上周三的状态……以此类推，可以一直追溯到大爆炸。

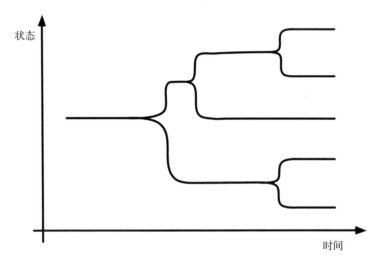

图 10　分岔路径。自由意志的问题在于，我们无法在岔口选择方向

　　但有时随机的量子事件确实会对我们的生活产生很大的影响。还记得之前说过的那个因为粒子出现在屏幕上的位置而遭遇交通事故的研究人员吗？小径可能每隔一段时间就会分岔，但我们对此毫无发言权可言，更没有任何能做的。量子事件从根本上就是随机的，不受任何影响，当然也不会被我们的想法左右。

　　正如之前承诺的那样，我在论述的过程中避开了自由意志这个术语。接下来让我们探讨一下，"除了我们无法影响的偶发量子事件之外，未来是确定的"意味着什么。

　　就个人而言，我只会说这意味着自由意志不存在，然后就此打住。我对此感到满意，因为自由意志本身就是一个自相矛盾的概念，之前已经有很多比我更聪明的人指出了这一点。如果你的意志是自由的，那就不应当有任何事物能引导你的意志。但是如果真是这样的话，如果自由意志真的是一种"自因"——这是弗里德里希·尼采提过的概念——那么它就不是由你引导的，不论你认为"你"的含义是什么。正如尼采所总结的，这是"人们迄今为止构想出来的最佳之自相矛盾"。我支持尼采。

　　我认为意志其实是这么一回事：我们的大脑根据输入的信息，遵循作用于初始状态的方程执行计算。这些计算是否基于算法，目前还有待讨论，但是我们的大脑皮质中并没有什么神奇的汁液能让我们凌驾于自然规律之上。我们所做的只是根据有限的信息来评估如何做出最优决策。决策就是我们评估的结果，它不需要任何超出自然规律的东西。我的手机每次都会经过计算再决定应该在锁屏界面显示哪些通知，显然，即使没有自由意志也一样可以做出决策。

　　我们可以花很长时间来讨论什么样的决定是"最优"的，但这不是物理学的问题，所以不用理会它。重点在于，我们一直都在对输入的信息做评估，并试图根据一些准则来优化我们的生活，这些准则中有一部分是大脑中固有的，有一部分则是后天习得的，如此而已。这一结论并不依赖于神经生物学。目前尚未探明我们的决策中有多少是有意识的，又有多少是受大脑潜意识过程的影响，但意识和潜意识之间的区分与结果是否确定这一问题无关。

如果自由意志没有意义，那么为什么很多人都觉得这描述了他们评估现实的方式呢？因为在思考结束之前，我们不会知道结果是什么，否则我们就不用思考了。正如路德维希·维特根斯坦所说："意志的自由就在于，未来的行动是现在无法意识到的。"[2] 他的《逻辑哲学论》已经面世一个世纪了，所以这样的认识肯定不是什么爆炸性新闻。

问题解决了吗？当然没有。

因为一个人完全可以给某个事物下定义，然后就称其为自由意志。这就是哲学中所谓的相容论，该理论认为自由意志与决定论是相容的，除了我们无法影响的量子事件之外，未来就是确定的，我们对此不需要介怀。在哲学家当中，相容论的支持者占了大多数。在 2009 年的一项针对职业哲学家的调查中，有 59% 的人认为自己是相容论者。[3]

哲学家中的第二大阵营是自由意志主义者，他们认为自由意志与决定论是不相容的，并且正是因为自由意志存在，决定论才一定是错误的。我不会对自由意志主义着墨过多，因为这与我们所了解的自然不相容。

所以我们就多谈谈相容论。伊曼努尔·康德形象地将相容论描述为"狡猾的诡计"，19 世纪的哲学家威廉·詹姆斯认为它是

"逃避的泥潭"，当代哲学家华莱士·马特森（Wallace Matson）则称之为"转移话题谬误中最华丽的范例"。[4] 那么，在除了我们无法影响的偶发量子事件之外的未来已然确定的情况下，你要如何使得自由意志与自然规律相容？

若想继续推进这一论证，也许你可以稍微改进一下物理学。哲学家约翰·马丁·费希尔（John Martin Fischer）把这样做的哲学家称为"多重过去相容论者"以及"定域奇迹相容论者"。[5] 前者认为你的行为会改写过去的事件；后者则认为，超越自然规律的超自然事件可以让你以某种方式避开那些已经被证实无数次的理论所做出的预测。我不会再针对这一问题深入讨论下去，因为这本书的内容是我们可以从物理学中学到什么，而不是我们如何创造性地忽视物理学。

在一些没有太大瑕疵的相容论观点中，最普遍的观点是，你的意志是自由的，因为它不可预测——在目前的实践中完全无法预测，甚至有可能在理论上也是不可预测的。这一立场最突出的代表人物是丹尼尔·丹尼特（Daniel Dennett）。如果你想这样理解自由意志，那也没问题，但除了我们无法影响的偶发量子事件之外，未来依然是确定的。

哲学家热南·伊斯梅尔（Jenann Ismael）进一步提出，自由意志是自主系统所具备的属性。[6] 她的意思是说，宇宙中不同子系统的行为对外部输入和内部计算的依赖程度的相对比重会有所不同。举个例子，烤面包机就几乎没有自主性——你按下按钮，它就会做出反应。人类有很高的自主性，因为人的思考可以在很大程度上与外部输入脱钩。如果你认为这就是自由意志，那也没问题，但除了我们无法影响的偶发量子事件之外，未来依然是确定的。

有相当多的物理学家通过在自然定律中嵌入自由意志来支持相容论。^①肖恩·卡罗尔和卡洛·罗韦利认为可以将自由意志解释为系统的涌现性质。菲利普·鲍尔最近还对这一观点给出了一定的补充，认为我们应当借助宏观概念（包括涌现性质在内）之间的因果关系来定义自由意志。[7]

前面提到，涌现性质是指小尺度上的物理细节被抹平之后，出现在大尺度上的近似描述。图 11（见下页）说明了如何利用这一点为自由意志腾出地方。在微观层面上，路径（白色线条）是由初始状态决定的，也就是说，图片的左侧是起始位置。但是在宏观层面上，如果你忘记了初始条件的确切情况，那么只看所有微观路径的集合，就能发现宏观路径（黑色轮廓）出现了分岔。

上述几位物理学家的意思就是，如果你忽略了微观层面上粒子的确定行为，那就无法在宏观层面上进行预测。岔路口：好耶！当然，这只建立在你忽略了真正发生的事情的前提下，你也

---

① 物理学家（包括我在内）通常不会讨论自由意志是否与决定论相容（这是经典的自由意志主义/相容论的划分），而是在考虑标准诠释下量子力学随机性的前提下，讨论自由意志是否与自然规律相容。这两种划分方式没有什么区别，因为在量子随机性中没有"意志"，但它有时会导致混乱。例如，在被问到人类行为是否由宇宙初始状态决定，或是能否根据完整的信息来预测时，相容论物理学家往往会回答"不"，但是在一些调查中，这样的回答将使得他们被划入自由意志主义阵营。

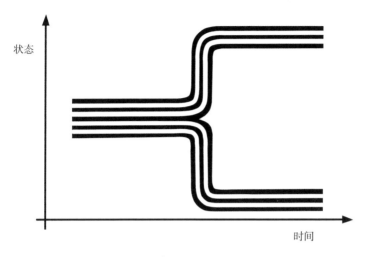

图 11　自由意志如何与物理学相容

可以那么做，但除了我们无法影响的偶发量子事件之外，未来依然是确定的。当肖恩·卡罗尔用"自由意志就像棒球一样真实"[8]来总结他的相容论立场时，他应该加上"也像棒球一样自由"。

　　话虽如此，我还是认为物理学家或哲学家对自由意志的相容论定义并没有什么太大的问题。毕竟这只是定义，没有对错之分，只有有效程度的区别。但我不认为这种语言上的歧俩能解决普通人（我指的是非哲学家）所担心的问题。2019 年，一项针对来自 21 个国家的 5 000 多名参与者的调查发现，"在不同的文化中，认知反应更强的参与者更有可能认为自由意志与因果决定论不相容"。[9]看来我们不是天生的相容论者。这就是为什么对我们中的许多人来说，学习物理会动摇我们对自由意志的信念，我同样如此。在我看来，这才是需要解决的问题。

。 。 。

　　你也能看到，在尊重自然规律的情况下理解自由意志并不容易。从根本上来说，问题在于，据我们目前所知，强涌现是不可能的。这意味着一个系统的所有高层级性质（宏观层面上的性质）都来自粒子物理所在的低层级。因此，你如何定义自由意志并不重要，它和其他一切事物一样，都是源自粒子的微观行为。

　　因此在我看来，理解自由意志的唯一方法就是，从微观理论发端的推导过程在某些情况下由于某种原因出错了。这样，强涌现就可以是自然的一种实际属性，于是我们就得到了真正独立于微观物理学的宏观现象（其中也包括自由意志）。我们现在没有丝毫证据表明这种情况确实存在，但是思考一下它需要什么条件是很有趣的。

　　首先，我们用来求解将微观与宏观定律联系在一起的方程的数学技巧并非一直有效。它们通常依赖于某些近似值[10]，可是当这些近似值不足以描述目标系统时，我们就不知道该如何处理这些方程了。这当然是实践上可能遇到的问题。但就定律的性质而言，这个问题无关紧要。更低层级和更高层级之间的关系不会因为我们解不出方程而消失。

　　有两个案例可以让我们向着强涌现稍稍走近一步，科学家用其来研究复合系统能否具备计算机无法确定值的性质。[11]如果答案是肯定的，那么相对于我们无法掌握计算的技巧而言，这更加能够说明宏观现象挣脱了微观物理的束缚而获得了"自由"。

这实际上可以证明宏观现象是无法计算的，但在这两个案例中，我们都需要两个无穷大的系统才能完成证明。上述证明思路可以归结为，对于一个无穷大的系统，它的某些性质无法在有限时间内通过经典计算机计算出来。但是，我们在现实中不会遇到这样的情况，因此这对自由意志毫无帮助。

然而，从微观物理推导宏观行为的过程也可能由于其他原因而出错。可能是我们在计算过程中遇到了一个奇点，而无论在实践上还是在理论上，我们都无法越过这个奇点继续进行计算。这不一定会又一次带来与无穷大相关的问题，因为在数学中，奇点并不总是意味着有什么东西变成了无穷大，它只是一个函数在此不连续的点。

我们目前没有理由认为我们宇宙的微观物理当中的确存在这种现象，但如果我们对数学的理解可以更深一层，情况也许就不一样了。因此，如果你想要信奉自由意志是由独立于基本粒子的自然规律所支配的，那么在我看来，在推导宏观物理规律的过程中遇到奇点是最合理的解释。虽然可能性不大，但这与我们目前所知道的一切相容。[12]

没有自由意志的生活

美国科学作家约翰·霍根（John Horgan）称我为"自由意志的否认者"，现在你可能知道他为什么要这么说了。但我绝对不会否认很多人都认为他们拥有自由意志。然而，我们也会觉得当下这一时刻具有特殊性，而前文已经清楚地揭示了，这是一种错觉。如果只听从自己的直觉，那我会认为图 12 中的水平线并不平行。要问我从基础物理学的研究中学到了什么的话，那就是人不能任由直觉支配自己的想法。仅凭直觉不足以推断出自然运作的规律。

图 12　咖啡馆墙错觉①。图中的水平线是平行的

　　虽然我们的大脑有其局限性，但是毫不夸张地说，我们人类在探索自然规律方面做得相当不错。毕竟，我们已经可以理解"现在"是一种幻觉，而且可以充分利用我们的大脑，可以对图 12 中的线条进行精确的测量，从而说服自己它们确实是平行的。虽然它们看上去仍然不平行，但你已经知道了它们是平行的。我认为我们应该以同样的态度来对待自由意志：抛开我们的直觉感

①　该现象由英国心理学家理查德·格雷戈里（Richard Gregory）提出，他从一个咖啡馆外墙的装潢上发现了这一现象，该现象因此得名。——译者注

受，遵从理性得出的结论。你仍然会觉得自己拥有自由意志，但你心里清楚，自己实际上只是由神经处理器所运行的一套复杂的计算。

但我并不是要向你传教。正如我之前所说，自由意志是否存在，完全取决于你如何定义它。如果你更喜欢相容论者对自由意志的定义，并且想要继续在这个意义上使用这一术语，那也没问题，科学并未对此表示反对。因此，我们现在可以回答本章标题的问题了。物理学是否排除了自由意志存在的可能? 没有，它只是排除了某些关于自由意志的观点。因为就我们目前所知，除了我们无法影响的偶发量子事件之外，未来是确定的。

那我们要怎么应对这一结果呢? 很多人会这样问我。在我看来，问题在于，我们中的很多人在成长的过程中一直以直觉来看待我们做出决策的机制，但当这些天真的想法与我们所学的物理知识发生冲突时，我们必须及时调整自我认知。这绝非易事，但是有几种方法可以解决这个问题。

最简单的方法就是利用二元论。该理论认为，心灵是非物质的东西。如果你愿意采纳二元论的观点，那你可以把自由意志当作自己灵魂的属性，这是一种无关乎科学的概念。只要非物理组分与物理组分不发生相互作用，那么这种属性就是与物理相容的，但二者一旦发生相互作用，它就与我们所掌握的证据相冲突——它就成了物理概念。因为我们大脑中用来做决定的显然是物质的那部分，所以我不知道信奉非物质的自由意志会有什么好处，但这不是二元论要面临的新问题，至少它不是错误的。

　　你也可以利用我刚刚详细介绍过的微观物理中的小漏洞。不过我怀疑，如果你告诉别人，你认为自由意志真实存在是因为"重正化群方程可能会遇到一个本质奇点"，那么你身上的"极客"标签估计就摘不掉了。

　　我个人认为，应对无法改变未来这一事实的最佳方法就是重新定位我们自己在宇宙历史中所扮演的角色。无论是否具有自由意志，我们都存在着，因此我们很重要。但是我们的故事将会幸福还是悲伤，我们的文明将会繁荣还是衰落，我们将会被铭记还是遗忘——这些我们还不知道。与其认为是我们自己在选择可能的未来，我觉得倒不如对未来的事情保持好奇，并且尽全力去更加全面地认识我们自己以及我们所居住的宇宙。

　　我发现，彻底放弃我们拥有自由意志的想法改变了我对自己思维方式的思考。我开始更多地关注我们所知道的人类认知的缺陷、偏见和逻辑谬误。当意识到我只不过是在处理自己所收集到的信息时，我对阅读和倾听的信息来源的甄选变得更加挑剔和谨慎了。

　　说出来你可能会觉得有些奇怪，但是在某些情况下，我不得不努力说服自己听从自己。例如，我之前有好几年时间要在德国和瑞典之间通勤，每年都要坐几十趟航班。然而，出于某种原因，我从没想过要申办一张飞行常客卡。在往来通勤两年之后，终于有人提醒了我，那时的我觉得自己傻透了。但我并没有马上去办常客卡，而是一直拖延着，因为我觉得既然已经错过了那么多福利，要不就别麻烦了。这是损失厌恶（也就是所谓的"赔了夫人又折兵"）的一个奇怪案例，尽管在这种情况下我其实没有蒙受损失，而只是不曾获得好处。认识到这一点之后，我最终还是办了一张常客卡。如果我没有认识到这是一种认知偏见，我想我会一直拖延下去，并且还会尽我所能地把这件事完全忘掉，继续违背我自己的利益。

我告诉你这些并不是因为我为自己做出了一个理性的决定而感到自豪。恰恰相反，这个故事是为了强调我和其他所有人一样不够理性。不过，我认为我已经从接受自己的大脑是一台机器（一台精密的机器，但也时常会出错）这一事实中受益匪浅，这也有助于我了解自己的大脑在处理哪些任务时会遇到困难。

当我解释说我不相信自由意志的时候，大多数人都会开玩笑说，这是因为我注定不相信自由意志。如果你也想到了这句玩笑话，那就好好思考一下为什么你的思维这么好预测了。

自由意志与道德

2021 年 1 月 13 日，莉萨·玛丽·蒙哥马利成为美国历史上处决的第 4 名女性，同时也是 67 年以来的第一个。她因谋杀时年 23 岁的波比·乔·斯汀内特而被判处死刑，被害者在案发时怀有 8 个月的身孕。2004 年，蒙哥马利与这名年轻女子成为朋友。同年 12 月 16 日，蒙哥马利前往斯汀内特的家中勒死了她，并且从她的子宫里剖出了尚未诞生的孩子。随后的几天里，蒙哥马利一直假装这个孩子是她自己诞下的，但是在警方指控下，她很快就坦白了自己的犯罪事实。那个可怜的新生儿没有受到伤害，并且回到了父亲身边。

为什么会有人犯下如此残忍且毫无意义的罪行？我们先来看看蒙哥马利令人瞠目结舌的一生。

据她的律师说，蒙哥马利从小就受到母亲的家暴。从 13 岁开始，她经常被自己的酒鬼继父及他的朋友们强奸。她曾多次向当局寻求帮助，但都没有成功。蒙哥马利结婚很早，那时她才刚刚 18 岁。她的第一任丈夫也对她施行了家暴，两人育有 4 个孩子。案发时，她早已做过绝育手术，但有时会假装自己又怀孕了。入狱后，蒙哥马利很快就被诊断出一系列精神问题："双相情感障碍、颞叶癫痫、复杂创伤后应激障碍、分离性障碍、精神错乱、创伤性脑损伤，很可能还有胎儿酒精综合征。"[13]

如果这段话没能改变你对蒙哥马利的看法，我会感到很惊讶的。或许你有可能在别的地方已经看到过她的故事，但如果你第一次听到这个故事的时候没有类似的反应，我也同样感到惊讶。她在他人手中遭受的虐待无疑促成了这一罪行。这在蒙哥马利的心理和性格上留下了印记，并影响了她的行为。她在多大程度上负有责任？那些本该帮助她的机构没能履行责任，最终致使她精神错乱，难以承担刑事责任，她自己不也是受害者吗？她的行为是出于自己的自由意志吗？

我们经常以这种方式将自由意志与道德责任联系在一起，于是自由意志堂而皇之地进入了有关政治、宗教、犯罪和惩戒的讨论之中。我们中的很多人也把自由意志作为一种推理工具来评估内疚、自责、责备等个人问题。事实上，哲学文献中有关自由意志的争论关注的重点并不是它是否存在，而在于它是如何与道德责任相联系的。哲学家担心的是，如果自由意志消失了，社会将会分崩离析，因为指责自然规律毫无意义。

我觉得这未免有些杞人忧天。如果自由意志不存在，或者说从来没有存在过，如果一直以来起作用的其实是道德责任，那么道德责任为什么会在我们现在对物理学有了更深的理解之后就突然失效呢？这就好比一旦我们明白雷暴并不是宙斯扔出的闪电之后，它们就发生了改变，听上去就很荒唐不是吗？

因此，关于道德责任的哲学讨论在我看来是多余的。无论是作为个人还是社会的一分子，我们都会自然而然地把责任分配给人而不是自然规律。我们一直在寻找会令我们的生活更美好的最佳策略，但试图改变自然规律并非一步好棋。

当然，"美好生活"的含义也是可以争论的问题，我们对此各执己见正是冲突的来源。但我们的大脑具体想优化什么、你我的优化有何不同，这样的问题不是我要说的重点。关键问题在于，你不需要信奉自由意志就可以辩称，把杀人犯关押起来有利于那些有可能会被谋杀的人，他们的生活变得更美好了，而试图修改宇宙的初始条件则对任何人都没有好处。归根结底就是：我们会评估哪些行动最有可能改善我们未来的生活。涉及这样的问题时，谁会关心哲学家是否找到了定义责任的好方法呢？如果你的存在成了一个问题，其他人就会采取措施来解决这个问题——他们会"让你负责"，因为你威胁到了他们的生活。

如此一来，我们就可以在不使用术语的情况下，重新组织任何针对自由意志或道德责任的讨论。例如，与其对某个人的自由意志提出疑问，倒不如详细探讨监禁是否真的是最有用的干预措施。也许答案并不总是肯定的。在某些情况下，可能精神卫生保健和家庭暴力预防才是有效减少犯罪的长期途径。当然，还有其他因素需要考虑，比如惩戒和威慑等，这里就不深入讨论了。我只是想证明，即使不涉及自由意志，我们也可以进行这样的讨论。

对于个人来说也是一样的。当你问出"他们有可能会做出不一样的选择吗？"这样的问题时，你是在评估别人会再次犯下错误的可能性。如果得出的结论是这种情况不太可能再次发生（从自由意志的角度，你可能会说"他们别无选择"），那你可能就会原谅他们（"他们没有责任"）。如果你认为这类事情很可能会再次发生（"他们是故意的"），你可能就会尽量避免与这种人接触（"他们有责任"）。但是你可以把这种有关道德责任的讨论重新组织成对最佳策略的评估。例如，你可以这样推理："他们迟到是因为车爆胎了，因此这种情况不太可能再次发生。我如果为此大发雷霆，可能就会失去我的好朋友。"在这种情况下完全不需要考虑自由意志。

我要明确一点，我的意思不是说让你不要再提自由意志。如果你觉得自由意志的说法更加方便，那就接着用吧。我只是想举几个例子说明，我们也可以在不提及自由意志的情况下做出道德判断。这对我来说很重要，因为有人仅仅因为我同意尼采所说的，自由意志是一种自相矛盾，就觉得我道德沦丧，这让我有些生气。

　　很多人一再声称，不信奉自由意志的人更有可能欺骗或伤害他人，这种说法正是我怒火的来源。例如，阿齐姆·谢里夫（Azim Shariff）和凯瑟琳·福斯（Kathleen Vohs）在 2014 年发表于《科学美国人》的一篇文章中表达了这一观点。[14] 他们在文章中声称，研究表明"人们越怀疑自由意志，他们对被指控犯罪的人就越宽容，同时也越愿意打破规则、伤害他人以得到自己想要的东西"。

　　首先我们应当注意到，有别的研究给出了不同的结果，这种情况在心理学中很常见。例如 2017 年的一项关于自由意志和道德行为的研究就得出了这样的结论："我们观察到，对自由意志的怀疑有利于提高人们决定如何对待他人时的道德水平。"[15] 简而言之，对自由意志的信念与个人道德行为之间的关系目前尚未明晰，这仍是一个有待研究的问题。

　　看看这些研究最初是如何开展的会更有帮助。他们通常会将研究对象分为两组，其中一组怀疑自由意志，另一组则是中立的对照组。自由意志的怀疑发端于弗朗西斯·克里克 1994 年出版的著作《惊人的假说》（*The Astonishing Hypothesis: The Scientific Search for the Soul*），以下是节选片段：

　　　　你，你的快乐，你的悲伤，你的回忆，你的抱负，你对自己身份以及自由意志的感知，实际上无非是大量神经细胞集合及其缔合分子的行为而已。你不过是一堆神经元罢了。[16]

然而，这段话的意义并不仅仅是站在中立的角度告诉我们，自然规则与自由意志是不相容的。它还通过"无非""不过是"这样的词贬低了主体的目的性和能动性。它也没有提醒读者，这个"大量神经细胞集合"可以做到一些相当了不起的事，比如读懂描述它们本身的文章，更不用说还发现了它们自己从根本上是由什么组成的。

当然，克里克写下这段话的目的，是故意用尖酸刻薄的措辞来传达他的信息（就像你在本书的第 4 章所看到的一些段落一样），这本身并没有什么错。但这样不仅会让人们质疑自由意志，还会让人们投向宿命论的怀抱——反正怎么做都无所谓了。但是如果能把这段话改写成这样：

> 你，你的快乐，你的悲伤，你的回忆，你的抱负，你对自己身份以及自由意志的感知，都是神经细胞及其缔合分子相互交织的结果。这些神经元历经数十亿年的进化，赋予了你无与伦比的沟通能力和协作能力，以及超越其他所有物种的理性思考能力。

我承认，这远没有克里克所写的那样振聋发聩，但我希望能够将我的意思表达清楚。经我修改的版本还可以为读者说明，我们的思维和行动完全是神经活动的结果，并且还强调了我们的思维能力有多么强大。我很好奇，出于这段话而怀疑自由意志的人是否仍然更有可能在考试中作弊，你觉得呢？

小结

根据目前确认的自然规律,除了我们无法影响的偶发量子事件之外,未来是由过去决定的。你是否认为这意味着自由意志不存在,取决于你对自由意志的定义。

意识可以计算吗？

——罗杰·彭罗斯访谈录

当我走进罗杰·彭罗斯的办公室时，他正俯身趴在办公桌上，鼻子离笔记本电脑的屏幕大概只有 3 英寸①的距离。他眯着眼睛透过厚厚的眼镜片看着面前的幻灯片，准备着稍后的演讲。我现在 40 多岁，有时候我会觉得自己已经年纪挺大了，但是罗杰的年龄是我的两倍有余。早在我出生以前，他就一直在收获各种奖项、奖章和荣誉。现在的罗杰是牛津大学的荣休数学教授，有很多东西都以他的名字命名——彭罗斯图、彭罗斯三角、彭罗斯过程、彭罗斯-霍金定理，很难相信他居然还没得诺贝尔奖。当时是 2019 年，我还不知道一年以后他就会摘得这一奖项。

他瞥了我一眼，并口齿含糊地为耽搁了一些时间而道歉，同时将字体大小改成了大约 200 点。我连忙摆手说这没什么，然

---

① 1 英寸≈2.54 厘米，3 英寸约合 7.6 厘米。——译者注

后打开了我的记事本和录音笔。

当时我是去牛津大学参加一个学术会议，其主题是意识的数学模型，罗杰和蔼可亲地同意在茶歇时接受采访。他的演讲将在这场茶歇之后开始，他正忙着调整自己的幻灯片，演讲的内容兼收并蓄，包含数学、量子力学、宇宙学和神经生物学的内容。

除了运用数学技巧解决物理学问题（例如恒星能否坍缩成黑洞）以外，罗杰还提出了许多关于自然基本原理的猜测，其中包括引力导致波函数的还原，以及宇宙未来将会从膨胀转为收缩，并经历新的大爆炸，无数次循环往复。我满脑子都是想要问他的问题，但我尤为感兴趣的是他对意识的看法。

依然是那个问题开场："你有宗教信仰吗？"

"我没有人们通常所说的任何意义上的宗教信仰。"他说。

"以其他形式呢？"

"我相信神吗？"罗杰问自己，"我不相信，至少不相信通常意义上的上帝。"

"你相信宇宙是有目的的吗？"我感觉他想补充点儿什么。

"有点儿接近……"罗杰踌躇道，"我不知道宇宙是否有其目的，但我想说它肯定没有那么简单。在某种意义上，有意识的存在的出现可能不仅仅是随机事件，而是有着更深层的逻辑，这很难说。倒不是我对自己的信仰有什么明确的想法，我只是不认为偶然性是一个充分的解释。"

"你认为意识能融入物理学家目前提出的框架吗？"我

问道。

"不能，"罗杰答道，"这是我长期以来的信念。当我还在读本科的时候，我就对所谓的哥德尔定理感到非常困扰，该定理似乎认为数学上有些东西是我们无法证明的。然后我选修了（数学家）斯托顿·斯蒂恩（Stourton Steen）开设的课程，他描述哥德尔定理的方式并不是说有些东西是无法证明的。他解释说，假设你拥有一个理论上可以放进电脑里的逻辑系统，如果你输入一个数学定理，它要么在一阵嘎吱嘎吱的运行之后告诉你这个定理为真或是假，要么一直运行下去。这个系统应当遵循你所信服的推理过程——如果它不守规则的话就没有意义了。只要它指出某个定理为真，那你就要相信它确实是真命题。"

"但是你可以按照这样的规则构造另外一个数学命题，那就是哥德尔命题。你可以从它的构造方式知道哥德尔命题为真，其真实性源自你的信念：这个系统只会给你带来真理。然而，你可以通过构建哥德尔命题来证明，计算机无法推导出'它是真命题'。"

哥德尔著名的（第二）不完备性定理通常是关于数学公理集合的陈述——公理是一种你可以从中得出逻辑结论的假设。哥德尔证明了任何公理集（这种集合的复杂性至少和自然数集有得一拼）的一致性都是不可证明的。他提出了一类命题（哥德尔命题），它们为真，但我们无法在公理系统中证明其为真。彭罗斯解释说，这意味着我们人类能够识别出某个真理，而被输入了一致性存疑的公理的计算机算法做不到。如果算法能够识别真理，它就应该能证明它，从而反驳哥德尔定理。在本书的第9章，我还有更多相关内容要讲，但是现在先听听看罗杰还有什么要说的。

"我为此感到震惊，因为这告诉我们，你认为系统能够有效运行的信念比系统本身还要强大。你到底做了什么，以至于你超越了这个系统？这背后到底发生了什么？对我来说，这清楚地说明了思维的力量。我不知道思维是什么，但在我看来，它不可能是计算。在有意识的思维中发生的所有事情都与复杂的计算不同。"

从我个人来看，这番话没什么道理。我问道："可我们人类终究是由粒子组成的，而这些粒子遵循着可计算的方程，这和你刚刚所说的是不是存在矛盾？"

"对啊，这是怎么回事呢？"罗杰点了点头，"一开始我想：'也许它是一个连续统，因此严格来说它不是计算。'但我觉得这不是真正的原因。你可以把牛顿力学和广义相对论放到电脑上，然后尽可能精确地进行计算。然后我想：'那量子力学呢？'薛定谔方程仍然是一种计算，但接下来就要面临测量的过程。我想：'嗯……这确实是我们认知上的一个巨大的缺陷。'我认为必须有一些理论来解释量子态的还原到底是怎么回事。因为这是我唯一能找到的缺陷，我想这一定就是突破口。"

他笑了笑，继续说道："我确实有过这样的想法，在我退休以后——在当时看来，退休会是很长一段时间之后的事情，但现在已经过去很久了——我退休以后要写一本书。那就是后来的

《皇帝新脑》，实际上我在退休前就写完了。首先，我会解释清楚我所知道的物理学知识，然后我会尝试学习一些神经生理学的内容，主要是关于突触以及它们有趣的运作方式。我以为在我了解这些知识以后，我就能找到量子态还原可以发挥作用的地方。但是我没能做到，所以这本书最终淡出了人们的视线，我是这么觉得的。我提出了一个相当愚蠢的想法，甚至连我自己都不信，于是我就放弃了这本书。"

"你看，"罗杰解释说，"我曾希望这本书能吸引更多的年轻人关注这一问题，但我收到的评价都来自已经退休的人。显然他们是唯一有时间读这本书的人！接着我就收到了斯图尔特·哈默罗夫（Stuart Hameroff）的来信，他在信里写道：'你得关注一下这些微管（microtubule）。'我收到过很多'民科'来信，当时我还心想：'得，又来一封。'但后来我查阅了相关资料，然后对我没能早点儿知道这件事追悔莫及。这是研究量子相干性的好地方啊！"

罗杰·彭罗斯和斯图尔特·哈默罗夫随后共同撰写了几篇关于微管（这是一种由蛋白质组成的管状结构，存在于包括神经元在内的细胞中）的论文。他们的思路是，神经元中的微管簇集可以显示量子行为。当微管的量子态发生还原（即量子效应消失）的时候，意识觉知就产生了，自由意志成为可能。[1]这个猜想被称为"协调客观还原"（orchestrated objective reduction），简称Orch OR。[2]

协调客观还原遭到了物理学家以及神经生物学家的质疑。

主要原因是，在标准量子力学中，微管无法长期维持量子效应，从而不足以在神经活动中发挥作用。[3] 这意味着，若要实现这一猜想，就必须大刀阔斧地改进量子力学。[4] 事实上，这正是彭罗斯和哈默罗夫所梦寐以求的。他们的设想有可能实现，但很牵强，而且缺乏证据。目前我们还不知道微管中的量子效应消失与意识或者自由意志有什么关系。

如你所见，我对微管的那一套不买账。不过，我对罗杰提到的意识与波函数还原之间的联系很感兴趣。

"我可不可以这么理解，"我说，"你认为量子测量过程是我们在基础物理学中的缺陷，所以如果思维并非计算，那么思维就必须进入这一领域。所以测量过程取决于人的意识吗？"

"你的理解有些偏差，"罗杰说，"包括约翰·冯·诺伊曼和尤金·维格纳在内的许多从事量子力学基础研究的人都认为，一个有意识的存在的观察，在某种程度上导致了量子态的还原。我觉得这没什么道理。"

他举了个例子："比如说，想象一台太空探测器飞出地球观测行星。这台探测器访问了一颗行星，这颗行星的表面和周围都没有意识存在，然后探测器拍了一张照片。现在，这颗行星上的天气是一个混沌系统，其结果取决于量子效应，所以探测器看到的是不同天气的叠加。它将那张照片发送回了地球，不知道多少年以后，有人在屏幕上看到了这张照片。当这个有意识的存在看到照片之后，'嗖'，突然出现了一个具体的天气的观测结果？这对我来说根本是无稽之谈。在我看来，这肯定不是正确的答案。"

"所以不是意识导致了波函数的还原，而是波函数的还原对意识有所作用？"

"没错，"罗杰说，"但人们并不是这么想的。我对于只有这么少的人持有和我一样的想法而感到震惊。我认为大脑处理信息的过程有猫腻，微管可能在这一过程中发挥了作用，但它可能不是唯一的参与者。问题在于，到底是什么导致了量子态的坍缩。这肯定是一种基础的存在，并且肯定超出了标准量子力学的范围。"

小结

如果意识产生于我们已知的基本物理定律，那么它就是可以计算的。然而，量子力学中波函数的修正可能表明，我们遗漏了一些信息，而遗漏的这些部分可能是不可计算的。如果是这样，那么意识也有可能不可计算。这并不意味着意识导致了波函数的修正；事实正好相反，波函数的修正会在有意识的觉知中发挥作用。这在很大程度上只是猜测，并且缺乏证据支撑，但是就目前而言，与我们所了解的一切并不冲突。

宇宙是为我们而造的吗？

如果世上没有宗教

刚出生时，我们既不能走路，也不能集中注意力，甚至也没法问问题。随着我们逐渐成长，我们的世界也在逐渐扩大。我们探索了婴儿床、卧室、整间公寓以及它的阳台。我们第一次去体育场，第一次上学，第一次上大学，第一次坐飞机。我们意识到自己生活在一个人口超过 70 亿并且还在不断增长的星球上，我们身处的文化只是数百种文化中的一种。我们了解到地球已经经历了数十亿年的历史，现代文明只是时间轴上的一个小点，在夜空中一闪一闪亮晶晶的是其他恒星，其中还有一些是整个星系，这些事物全都位于一个也许无限大的宇宙之中。

随着对世界的探索愈发深入，我们也愈发认识到自己的渺小，而科学加深了这种认知。宇宙很大，而我们很小，只是在一颗中等大小的岩质行星上爬行的渺小生物，而整个可观测宇宙中大约有 2 000 亿个星系，其中每个星系大约包含 1 000 亿颗行星。我们其实并不重要：宇宙中的绝大部分物质（大约 85%）都是暗物质，而不是构成我们的普通物质。无论我们取得怎样的成就，最终也都会随着熵增而灰飞烟灭。

有些人在这种微不足道中找到了安慰，另一些人则为此惴惴不安——他们希望人类能够扮演更为重要的角色。这些人坚持认为，我们自身的存在一定是有意义的。他们总是会问：宇宙是那个样子，而我们是这个样子，这不是很神奇吗？难道这里面就没有什么特别之处吗？

我们的宇宙是否特别适合生命的发展，我们的存在是否标志着有一种智慧的存在把宇宙条件设置到了恰到好处的状态，这问题徘徊在科学与宗教的边界上。例如，哲学家、神学家理查德·斯温伯恩（Richard Swinburne）以及天体物理学家杰兰特·刘易斯（Geraint Lewis）和卢克·巴恩斯（Luke Barnes）都认为宇宙需要一个造物主，并且他们认为自己的观点是基于科学的。史蒂芬·霍金则提出了最鲜明的反对观点，他认为我们生活在一个不需要造物主的多元宇宙中。

这些观点听起来完全相反：一方声称造物主是必要的，另一方则认为这是不必要的。然而这些观点的相似之处在于，它们都是无关乎科学的。它们都假设了一些对于描述我们的观测结果来说不必要的东西存在。

。。。

问题是这样的。目前已知的自然规律中包含 26 个常数。[1]
我们无法计算这些常数，只能通过测量来确定它们的数值。精细
结构常数（α）决定了电磁力的强度，普朗克常数（ℏ）告诉我
们量子效应何时变得显著，牛顿常数（G）量化了引力的强度，
宇宙学常数（Λ）决定了宇宙的膨胀速率。除此之外还有基本粒
子的质量，等等。

你可能想问："如果其中一个或几个常数的值与我们现在所
测量的值略有不同，那么宇宙会变成什么样？"想象一下，上帝
坐在一个满是旋钮的大型面板前，每个旋钮上都贴着一个常数的
标签。上帝调皮地咧嘴一笑，略微调整了几个旋钮，于是我们宇
宙中某些常数的值发生了变化。突然之间，人类消失了。

如果改变的自然常数过多，我们所知的一些对生命诞生至
关重要的过程就不会发生，我们也就不可能存在。举几个例子，
假如宇宙学常数过大，那么星系就永远无法形成；如果电磁力太
强，核聚变就无法点亮恒星。这样的例子比比皆是，但是和我们
正在进行的讨论关系不大，我就不在此一一列举了。

让我们直接切入重点：这些常数的数值恰好能够允许我们
人类存在，这根本不可能只是巧合。因此，我们所观测到的宇宙
就需要这样的解释：一个上帝不断微调着面前的旋钮。如果这不
是上帝的杰作，那就需要找到其他解释，多元宇宙假说就是一个
候选。按照这一观点，如果任意可能出现的常数组合都对应着

一个宇宙，那么其中肯定包含我们的宇宙，这样一来问题就解释清楚了。[2]

　　然而，多元宇宙假说什么也解释不了。一个好的科学假说应该有助于计算出测量结果，这样的话你只需要知道科学家能否真的根据假说来计算测量结果并取得成功，就可以判断这个假说是否正确。但是没有人用多元宇宙假说算出过任何有实际意义的东西。因为如果想要计算在我们这个宇宙中取得的观测结果，这些常数的数值就不能改变。只是动动嘴皮子宣称"它们存在"是没有用的。

　　如果物理学家执意根据多元宇宙假说进行计算，那么结果（确切地说，其实根本得不出什么结果）可能会相当滑稽。在这些计算中，物理学家要假设不同类型的宇宙（不同的常数组合各自对应的宇宙）以一定的概率存在。这叫作概率分布。一个很常见的例子是，对于一个质地均匀的骰子来说，它每一面朝上的概率都是1/6。

　　其他宇宙存在的概率是不可测量的，因为我们无法测量观察不到的东西，所以物理学家只能做出一系列推测。如果他们试图计算我们宇宙中某些观测结果出现的概率，那也只不过是重新表述了他们的假设，根本什么结果也得不到——垃圾进，垃圾出。但是这带来了新的问题，现在他们必须先解释清楚，某人在多元宇宙中观测到某些东西的概率是多少。并且，在一个自然规律截然不同的宇宙中，"某人"是什么意思？

　　几年前有过这样一个例子，几名天体物理学家试图利用多元宇宙假说来计算出，星系产生我们今天看到的外观、宇宙学常数取我们观测到的取值的概率。[3] 为此，他们通过计算机模拟来观察星系是如何在具有不同宇宙学常数的宇宙中形成的。以下是该论文的节选片段：

> 我们可能会想，任何复杂的生命形式是否都可以算作观察者（蚂蚁？），还是我们需要看到它们彼此间交流的证据（海豚？），还是说必须积极观察整个宇宙才称得上是观察者（天文学家？）。

当然，我们已经知道，并非所有宇宙学常数的数值都能与我们的观测结果相符，因为这个常数决定了宇宙膨胀的速度，如果膨胀太快，星系就会被撕裂。在计算机模拟中看到这一切是如何发生的是很令人愉快，但是关于海豚在多元宇宙中所见所闻的描述并不能带来更深入的见解，那只是在不可观测的宇宙中随心所欲地添加了一个不可观测的概率分布。几位作者详细阐述了他们遇到的困难：

> 将两种不同的概率分布[4]应用到这个模型上，可以得出两种不同的预测，这意味着什么？既然所有物理事实都是一样的，那么为什么模型在这两种情况下的预测是不同的？如果概率分布和宇宙无关，那么概率分布会与什么有关呢？这只是我们自己的主观看法吗？在这种情况下，你

可以直接对你的多元宇宙模型发表意见，从而省去计算概
率的麻烦。

你确实可以省去这些麻烦。这绝对是科学文献中有史以来
最为诚恳的表述。

如果多元宇宙不能解释常数的值，那么这是否意味着我们
需要一位造物主？不，这个结论同样无关乎科学，因为从科学的
角度来看，根本就不需要这种解释。宇宙精细调节论的基础是，
自然常数不太可能恰好是我们观测到的数值。但是这种概率无法
量化，因为我们对于自然常数永远无法测量出与当前测量结果不
同的数值。

若想量化处理概率问题，你就必须收集数据样本，比如持
续不断地掷骰子。掷骰子的次数足够多以后，你就能得到一个有
实证支撑的概率分布。但是自然常数的概率分布却没有实证支
撑。为什么呢？因为它们是恒常不变的[1]。要说我们观测到的唯
一数值"出现的概率极小"，这在科学上毫无意义。我们没有数
据，也永远不会有数据来量化我们无法观察到的事物之概率。没
有什么东西在量化意义上是出现概率极低的，因此也就没什么东
西需要解释了。

举个例子。如果你在事先不知情的情况下把手伸进一个袋
子里，然后拿出了一张写着数字 77 974 806 905 273 的纸，你会

---

[1]　有的物理学家提出了其他理论，将自然常数替换为可以随时间或地点变化的
参数，但这完全是另一码事，与宇宙精细调节论无关。

惊呼"哇！这也太神奇了！谁能解释一下这是怎么回事"吗？多半不会，因为你不知道袋子里还有什么。里面可能还装有一万亿张写着相同数字的纸、你丢失的袜子、龟背上的世界[①]，或者也有可能什么也没有。如果你只是取出一个数字，那么你根本不会知道得到这个数字的概率是多少。对于自然常数来说也是一样的，我们得到了一组数字，但也只能得到这组数字。我们不知道这个结果是大概率还是小概率——而且我们永远也不会知道。

当然，要是真的想让精细调节论有效，你可以假定自然常数的概率分布，就像之前在多元宇宙中所做的那样。但这也会产生同样的问题，得出的我们宇宙的存在概率只是把你的输入回头又输出了而已。还有可能出现的情况是，根据某些概率分布，我们对于常数的测量结果出现的概率很小；但是根据其他的概率分布，它们出现的概率又变得很大。只是信奉宇宙精细调节论的人不会采纳后者，因为这样无法得出他们想要的结论。

简而言之，所谓自然常数是为了生命得以存在而被精细调节到如今的数值，这样的观点从科学的角度来说并不合理，因为它所依托的假设太随意了。虽然科学不排除造物主和多元宇宙，但科学也不需要它们的存在。

---

① 龟背上的世界，出自霍金的《时间简史》第1章。霍金介绍了这样一个故事，说是一位老妇人在听完一场有关天文学的讲座之后嗤之以鼻，声称这个世界实际上是驮在一只大乌龟背上的一块平板，而这只乌龟则是站在另一只乌龟的背上，以此类推。这些乌龟组成了一只驮着一只，一直延续下去的乌龟塔。——译者注

。 。 。

　　我最近参与了一场由英国基督教机构组织的辩论会，主题是宇宙有没有经历过精细调节。我的对手是卢克·巴恩斯（Luke Barnes），他是 2016 年出版的《幸运的宇宙》（*A Fortunate Universe: Life in a Finely Tuned Cosmos*）一书[5]的作者之一，他认为自然常数的数值需要一个解释。

　　我并不期待这场辩论，因为我觉得与精细调节论的信徒争论只是徒劳。他们对于把论述中科学的部分和无关乎科学的部分区分开来并无兴趣。另外，我还是一个临场反应极差的人。在公众场合，情急之下的我可能会连最明显的问题都找不出答案，甚至有的时候我连自己的名字都能念错。实话实说，我同意参与这场辩论的主要原因是他们给我钱。

　　这场辩论是 2021 年年初举行的，当时英国和德国都因为新冠大流行而处于封锁状态，所以这场辩论是在线上进行的。我在德国接入视频会议，巴恩斯在澳大利亚，主办方则驻留在英国。

　　巴恩斯是一个脸略大、头发浓密、蓄着大胡子的中年男性。他站在一个书架前，书架上陈列着他自己的书。和他交谈之后，我立刻意识到他是一位一流的天体物理学家，他对于自己手头的资料有着深刻的理解，无论是观测数据还是理论。他回应我对精细调节论的批评时所采用的说辞和许多物理学家一样：指出我对于概率的描述所采用的是频率学派解释而非贝叶斯解释。他说的是对的，但我之所以这么做，是因为我觉得只有频率学派解释能够表述精细调节论的观点。

在频率学派解释中，概率量化的是事件发生数量的相对多少。一般来说，课堂上教的就是这种解释，所以你可能对此很熟悉。频率学派的概率是对于事件发生频率的客观描述，而在贝叶斯解释中，概率描述的则是基于你先前的信念（我们一般称之为先验）的期望。后者在构造上是主观的。

因此，如果要采用贝叶斯解释，那么宇宙精细调节论的观点就可以归结为：“基于我先前的信念，自然常数可以取任意值[6]，我对它们如今的数值感到震惊。”但这并不意味着宇宙为了生命能够存在而被精细调节了，它只能说明你所期望的结果并非如此。没什么大不了的。“基于我先前的信念，我醒来时有可能会变成任何东西，我对自己居然是个人感到震惊”，这句话同样无法说明你醒来时可能会变成一头可怕的怪兽。更有可能的情况是，卡夫卡的小说对你影响很深。

在我们的辩论中，卢克·巴恩斯欣然同意了我的看法，即声称自然常数需要解释并不是一个科学的观点。基于我先前的信念，科学家往往不愿意承认他们的观点无关乎科学，我对巴恩斯的态度感到震惊。

我要顺便向你介绍一下托马斯·贝叶斯，毕竟贝叶斯概率就是以他的名字命名的，他是 18 世纪英国的一名长老会牧师。事实上，目前已知的贝叶斯概率最早的应用就是试图证明上帝的存在。[7] 这一推论没能说服原本不相信上帝存在的人，但其中蕴藏的一些思想似乎并不过时。

我们是否生活在最好的世界里？

当我在中学第一次接触到物理学的时候，我并不喜欢它。书里面有一大堆关于各种变量的方程，我总是忘记这些变量的含义，而这门学科的唯一目的似乎就是把这些方程转换成新的形式。我很好奇，是否存在某一组可以推导出其他所有方程的最小方程集合？如果存在的话，那我们为什么还要学这堆乱七八糟的内容？

我得到的回答是，想得到万物理论简直就是白日做梦。哪怕厉害如爱因斯坦也没能找到这种理论，于是这堆乱七八糟的内容不得不依然留在教科书里，至少现在是这样——好的，这是本周的家庭作业。

但是我追求的并不是万物理论，我只是希望能在一个月里把几年的物理课程全部修完。但既然你已经提到了它，我想，万物理论听起来好像还不错。

在中学物理课程中，那堆乱七八糟的内容一直存在。但是到了大学第一学期的物理课上，在最小作用量原理被引入之后，大部分理论突然之间就消失不见了。我看到了希望：能够一下子推导出这些方程的方法真的存在！为什么之前没有人告诉过我？

现在我觉得，中小学阶段不教最小作用量原理是很合理的，因为那样的话可能所有人都要抢着去学物理了。下面我会介绍这一理论，不过我可提醒过了，这真的会让你对物理学上瘾的。

对于你想要描述的每一个系统（比如一个摆动的钟摆），都有一个被称为"作用量"的函数（通常会记为 S），系统在自然中实际表现出的行为会使 S 取最小值。也就是说，如果你将一个系统可能会表现出的行为全部纳入考虑，并计算每个行为的作用量，那么你实际观察到的一定对应着作用量最小的情况。这并不意味着系统（比如钟摆）真的尝试了所有可能的运动，只是你观察到的正是作用量最小的运动。

最小作用量原理是皮埃尔·德·费马在 17 世纪提出的，当时他发现光线通过介质的路径是用时最少的路径。但是这个原理的应用范围远远比这更广泛。我们可以从作用量取最小值的条件推导出演化规律。选好你想要的初始条件，接下来你要做的就"只"有求解方程式了。

这里的"作用量"倒不是"物理学在我们认识宇宙的过程中发挥了举足轻重的'作用'"的那种意思。它的存在只是为了量化戈特弗里德·威廉·莱布尼茨的观点，即我们生活在"最好的世界"里。你只需要告诉上帝，"最好"指的就是作用量"最小"。可是，这个神秘的作用量到底是什么呢？

在大学第一学期的物理课上，你会学到钟摆的作用量、抛石头的作用量、行星轨道的作用量——你好像稍微理解一点儿了。于是你掌握了计算系统行为的方法，但是各个系统的作用量都不一样。

然而，这些作用量不同并不是因为物理定律不同，而是因为系统不同。它们可能有不同的排列方式，或者你有可能会从不同的分辨率水平上去描述它们。别忘了我们之前提到过的有效理论。

举个例子，如果你扔出去一块石头，你通常会假设引力场在竖直方向上是恒定的。这是一个很贴切的近似，但严格来说并不正确。一个更贴切的近似是，地球的引力场呈球对称分布，并且与到地球球心距离的平方成反比。如果要再贴切一点儿，那就要通过地球所有组分的准确分布来计算引力场。

其实，我们根本不需要通过假设引力场来计算作用量，你可以在作用量中加入对引力场来说最小的一项，然后就可以通过最小作用量原理来计算引力场和石头的运动。这种方法把扔石头和行星轨道的计算变成了几乎一模一样的问题，只是初始条件不同罢了。尽情地指定物质的初始位置和初始速度吧！

不过这建立在忽略空气摩擦的前提下，因为石头会经受空气摩擦，而围绕太阳旋转的行星则不会。因此对于石头而言，你还要考虑石头的分子与空气分子的相互作用，以及空气分子之间的相互作用。然后你就会注意到我们在前文中提到的问题——一旦开始研究原子尺度上的相互作用，你就不能再忽视量子力学的效应了。

在量子力学中，最小作用量原理略有改变。根据理查德·费曼首创的路径积分方法，量子力学系统不仅采用了作用量最小的路径，而且还要选择所有可能的路径。每条路径对系统的振幅都有影响，振幅绝对值的平方给出了系统到达某一端点的概率。

由于路径对振幅的影响不一定为正，因此它们可以相互抵消。这就导致了一个怪异的结论：如果一个粒子可以通过两条路径而非一条路径到达某一点，那么它可能永远都不会到达那里。然而路径积分的优点在于，该方法可以沿用到粒子物理标准模型中，只是我们必须考虑到粒子在行进过程中可能产生的所有相互作用（例如产生其他粒子对，然后这些粒子对又消失不见）才能做到这一点。[8]

通过路径积分，你可以继续将镜头推进到更小的尺度，最终一切都被归结为 25 种基本粒子和四大基本力——电磁力、强核力、弱核力以及引力。我们目前只能确定前三种力具有量子特性，物理学家还没有将引力理论成功转化为量子理论。

。　　。　　。

如果让我提名一个最优美、最有力、最统一的原理，那一定是最小作用量原理。哎呀，但是那 26 个自然常数怎么办呢？我们就不能为宇宙找出一个更简洁的描述吗？也许它只需要 6 个常数，甚至根本没有常数呢？[9]

物理学家当然已经尝试过了。他们提出了许多统一理论的方法，根据其他假设计算出了其中某些常数，或者至少根据某个原理预测出两个常数，有的人尝试预测暗物质和暗能量的数量，还有人从基本粒子的质量中寻找内在的规律。这些想法的问题在于，到目前为止，它们都比直接写出这些常数复杂得多——它们缺乏解释力。

事实上，我们也可以把多元宇宙理论解释为减少常数数量的尝试。如果不同宇宙的概率分布能让我们算出观测到的常数就是概率最大的数值，并且如果概率分布比假定常数本身更加简单，那么这将会是对当前理论的成功改进。然而，要是这些设想全都成立，我们就可以直接把概率分布作为一个方程，然后从中确定常数，其他宇宙仍然没有必要存在。无论如何，迄今为止还没有人能想出比 26 个常数更简洁的描述。

在所有解释自然常数的解释中，有一种颇受诟病，那就是**强人择原理**，该原理认为，常数之所以如此，是因为宇宙产生了生命。大多数科学家都对这个想法不屑一顾，但我认为它值得深思。

首先，我们必须区分强人择原理和弱人择原理。后者认为，自然常数必须允许生命存在，否则我们就不会在这里讨论这个问题。弱人择原理仅仅是对理论的观测约束。它听上去很滑稽，因为用来约束理论的观测结果是自指称的，也就是说，我们的存在就是为了进行观测。但是除此以外，这是标准的科学论证。例如，你可以通过观察到自己仍然在阅读这本书来推断你周围的空气中含有氧气。这虽然不是什么开创性的见解，但确实是一条弱人择约束。

但是弱人择约束可能是有用的。例如，弗雷德·霍伊尔（Fred Hoyle）通过地球上的生命均为碳基这一点，推断出所有的碳必须有其来源。于是他得出结论，恒星内部的核聚变一定与当时物理学家所认为的方式不同。他是对的。

然而，强人择原理提出了一个更大胆的主张：当下生命的存在就是宇宙之所以是这副模样而不是其他样子的原因。根据这一观点，生命不仅约束了常数，甚至还解释了常数。

我们仅从表面就能够判定，强人择原理是错误的。这是因为物理学家已经找出了一些让自然常数发生很大变化，但依然可以产生足以创造生命的复杂化学物质的情况。当然，物理学家计算不出具体的生物学结构，所以严格来说，他们没能证明其他自然常数也能容许生命存在。但是，像我们自身一样复杂的化学物质可以产生和我们自身一样复杂的结构，这是很合理的推断。近期出现的强人择原理的另一个反例是，霍伊尔基于碳在我们的身体内起到核心作用的事实，认为我们现在所认识到的核聚变过程必须存在，但实际上这种过程并不是产生生命所必需的。在基本常数取值不同的情况下，还会有其他可以产出碳元素的聚变过程。对于生命的进化而言，这些其他过程的结果与霍伊尔指出的过程所导致的结果几乎没有区别，因为细胞所需的碳以何种方式产生并不重要。我在注释部分中还列举了一些更进一步的例子[10]，此处不再赘述。

但是强人择原理更大的问题在于，它几乎不可能具有解释力。这是一个很实际的问题：生命很难定义，要量化就更难了，因此你无法从"宇宙包含生命"这句话中计算出什么东西。反之，这26个常数及其方程就极为简洁。物理学，牛！

然而，又来了一个新的问题：我们的宇宙是否满足另外一个更加简洁的标准，而这个标准恰好与我们观测到的常数最为符合？会不会存在这样一个函数，它将以某种方式将我们的宇宙量化成"穷尽所有可能性而找出的最好的世界"，同时我们也可以据此计算常数的值？

这样的标准会是什么样呢？李·斯莫林在他的宇宙自然选择理论中提出了一个观点：我们的宇宙非常擅长产生黑洞。[11] 斯莫林认为，黑洞会在自己内部创造新的宇宙，而新的宇宙会随机获得新的自然常数。如果宇宙可以繁殖并产生新的常数组合，那么最终出现概率最高的宇宙就是繁殖后代最多的宇宙，也就是产生黑洞最多的宇宙。

①宇宙会产生新的宇宙；②自然常数会在这一过程中发生变化。这两个假设在很大程度上都只是猜测，既没有理论的支撑，又缺乏实际的证据。但我们不需要这些假设，而是可以直接把黑洞的数量看作量化宇宙优劣程度的函数。我们这个拥有 26 个常数的宇宙是形成黑洞的"最佳条件"吗？

让我们快速过一遍其背后的原理。大多数黑洞都是由恒星坍缩形成的，但要形成黑洞，恒星必须有足够大的质量。比如我们的太阳就无法形成黑洞，因为它的质量太小了（它最有可能的结局是变成一颗红巨星）。这意味着黑洞的数量取决于早期宇宙的热等离子体留下的氢云形成大质量恒星的效率。

仅仅改变引力的强度并不能改变恒星的数量：这样只能改变恒星的平均质量，但不会改变能够坍缩成黑洞的恒星的比例。但是宇宙学常数呢？如果宇宙学常数发生改变，黑洞的数量会如何变化？

之前讨论过，如果宇宙学常数增大，宇宙就会膨胀得更快，这将使得星系更难形成。大多数恒星都在星系中形成，所以如果宇宙学常数更大，恒星的数量就会变少，因此黑洞也会减少。相反，如果宇宙学常数更小，宇宙就会膨胀得更慢，星系合并的可能性就更高。在合并过程中，用于形成恒星的气体散布到了更大的星系中。这使得恒星形成的效率降低，于是恒星变得更少，黑洞也因此减少。我们现有的宇宙学常数似乎是形成黑洞的"最佳条件"。

斯莫林对其他几个自然常数也提出了类似的论证，表明如果你改变这些常数的数值，黑洞的数量就会减少。我不得不说，这个想法虽然极其简单，但是效果却非常好。不过这个过程也展露了这种方法的局限性。我们不知道如何简洁地写出"宇宙中黑洞的数量"，所以我们无法由此计算出自然常数。我们只能了解到，每次改变常数的数值之后会发生什么。结果，最合适的做法好像还是直接假定自然常数。

还有一个很多人都提到过的相关观点，那就是将复杂性的增长看作标志着我们的宇宙是"最好的世界"的属性。但是就像"生命"一样，这样想的问题在于，"复杂性"也是一个模糊的标准，我们还不知道要如何量化它。到目前为止，我觉得戴维·多伊奇的想法是最值得称道的，他猜测自然规律会产生某些类型的计算机。这是个好主意，因为它可以在形式上做得相当精确，我很好奇最终能得到什么结果。

上述观点有一个共同的特点，那就是为了更贴切地描述自然，它们都没有遵循还原论的老路：一步一步走向更小的尺度。相反，提出它们的人将本体还原论与理论还原论分离开来，假设自己可能会在大尺度上找到更好的理论。我认为这种方向上的改变为我们带来了很大希望，这是我所知道的唯一能让我们克服初始条件问题的方法（关于这一问题，我们已经在第 2 章进行了详细的讨论）。

我们会揭开所有真相吗？

物理学家在命名时总是富有想象力：多世界、黑洞、暗物质、虫洞、大统一、大爆炸。万物理论这个术语也是如此。这种假想中的理论最终会揭开所有真相——基本粒子，它们之间的作用力，还有自然常数——并且不会带来其他问题。它将会是一条得到充分改进的、崭新的基本公式，可以将粒子物理标准模型和爱因斯坦广义相对论结合成一个和谐的整体。

然而，即使真的存在这样一个万物理论，它也不能解释一切。这是因为，我们在第 4 章讨论过，在大多数科学领域中，涌现理论（或者说有效理论）是更贴切的解释。因此，如果我们找到了万物理论，粒子物理系确实是可以关门大吉了，但是材料科学和生物医学的研究依然要继续下去。

裁撤粒子物理系这样的代价或许是值得的，但是否真的存在这样一种能够解答所有疑问的理论？

说句玩笑话，其实我们知道如何构建一个能够回答所有问题的理论，只要我们不再发问就可以了。如果我们人类在两个世纪前就停止了科学研究，现在就不会有粒子物理学家对希格斯玻色子的质量发出疑问。我的意思不是说这是个好主意，我只是想说明，一个理论能否解释"一切"，取决于我们对自然已经了解了多少以及还想了解多少。即使我们拥有一个可以解释当下所有问题的理论，我们也无法确定将来它一直都能解释一切。

就算不考虑未来的发现有可能会迫使我们在某一天调整任何所谓的万物理论，相信一个理论就能回答所有问题这一想法，本身也是与科学不相容的。科学要求我们对自然的运作方式提出不同的假说，我们会保留那些与观测结果一致的假说，然后抛弃其他不符合的假说。然而，有很多理论方方面面都很好，"唯一"可惜的就是它们不能描述我们所观察到的东西。

假如有这样一个理论，它认为宇宙是一个完美的、空旷的二维球面。你可能会说，这根本算不上什么理论，我也同意。但它的问题在哪里？我指的并不是这个理论本身有什么问题，其实它也没什么可指摘的地方，除了它不能描述我们所观察到的东西。它与我们实际栖身于其中的宇宙毫无关系。

像这样无法描述观测结果的自洽理论有无数种，但只要举出一个例子就足以看到问题所在：一个理论只有成功描述了我们所观察到的现象才能从其他理论中脱颖而出。这意味着即便是最好的、解释力最强的理论，也会简单粗暴地用一句"因为它解释了我们所观察到的东西"来回答一些问题。如果不是这样，我们就无法排除所有其他优美、简洁、自洽但证据不足的理论。

换句话说，我们不能从非特定的数学中为特定的宇宙建立一个特定的理论。有很多数学运算都不能描述我们所看到的现象，我们选择了其中的一些只是因为它们有效。[①]因此，即便我们找到了万物理论，那么仅凭科学也无法解释为什么这个理论就是我们一直在追寻的东西。

小结

我们没有理由认为宇宙是专门为我们或广义上的生命而打造的。然而，我们目前的理论可能遗漏了一些重要的内容，关于自然定律是如何在我们的宇宙中产生复杂性的。也许有一天，这种复杂性的增长可以为我们带来更好的解释，并且与还原论背道而驰。然而，没有任何科学理论能够回答所有问题。原因在于，科学理论之所以是科学的，一定是因为它成功地解释了观测结果，从而在众多理论中脱颖而出，但是之后它必然会简单粗暴地用一句"因为它解释了我们所观察到的东西"来回答一些问题。

---

① 泰格马克的数学宇宙并没有改变这一点，因为若要解释我们所观察到的东西，你依然需要指定我们在数学宇宙中的位置，这相当于筛选出了能够描述我们这个宇宙的数学。

宇宙会思考吗？

大小很重要

根据哈勃空间望远镜的最新观测结果，我们的宇宙至少包含2 000亿个星系。[1]这些星系的分布并不均匀——在引力的作用下，它们会聚集成星系团，星系团又会形成超星系团。在这些大小不同的星系团之间，星系沿着长度可达数亿光年的"丝状体"错落有致地排布着。星系团和丝状体的周围是极其空旷的巨洞。总之，宇宙网看上去有点儿像人类的大脑（参见图13）。

更准确地说，宇宙中的物质分布看上去有点儿像连接组，即人脑中的神经连接网络。人类大脑中的神经元也会簇集成团，它们通过轴突连接。轴突是一种很长的神经纤维，可以将神经元的电化学脉冲传递给另一个神经元。

人脑和宇宙之间的相似并不只是停留在表面。意大利天体

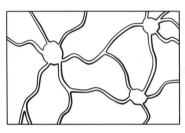 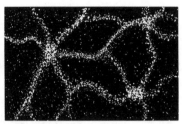

图 13　神经元（左）和宇宙丝状体（右）的示意图

物理学家佛朗哥·瓦扎（Franco Vazza）和神经科学家阿尔贝托·费莱蒂（Alberto Feletti）在 2020 年的一项研究中对此进行了严格的分析。[2] 他们计算了连接组和宇宙网中有多少大小不一的结构，得出的结论是两者具有"惊人的相似性"。他们发现，1 毫米以下尺度的大脑样本和宇宙中 3 亿光年范围内的物质分布在结构上是相似的。他们还指出了"尤为突出"的一点，人脑大约有 3/4 的质量是水，这和暗能量所占宇宙总质能的比例大体相当。两位作者指出，人脑和宇宙中有 3/4 的成分基本上可以说是惰性的。

　　那么，宇宙有没有可能就是一个巨大的大脑，而我们的星系只不过是其中的一个神经元？也许我们跟随自己的想法上下求索时，就亲眼见证了宇宙自己的思想。可惜，这个观点与物理学背道而驰。但即便如此，它也值得深思，因为理解为什么宇宙不能思考可以让我们更加了解自然规律，甚至还能让我们明白，宇宙在什么情况下才可以思考。

　　简而言之，宇宙无法思考是因为它太大了。前面提到爱因斯坦说过，不存在绝对静止，所以我们只能讨论不同物体之间的相对速度。然而谈论到尺寸的话,情况就大不相同了。相对尺寸反而没那么重要,真正决定某个对象能做什么的是绝对尺寸。

以原子和太阳系为例。乍看之下,它们有很多共同之处。在原子中,带负电的电子在电磁力的作用下被带正电的原子核吸引着。这个力的强度大致符合我们熟悉的平方反比定律($1/R^2$,其中R代表电子和原子核之间的距离)大致相符。在太阳系中,行星在引力的作用下被太阳吸引着。虽然严格来说这一过程需要用广义相对论来描述,但牛顿的平方反比定律可以在相当程度上近似地描述太阳引力,这里的R则代表行星与太阳之间的距离。原子和太阳系在这一点上非常相似,实际上这也是 20 世纪初期的很多物理学家对原子的看法——1913 年的卢瑟福-玻尔模型的原理基本上就是这样。

但我们现在知道了,原子并不是一个微缩版本的太阳系(参见图 14)。电子并不是在环绕原子核的轨道上运行的小球,

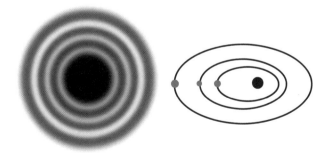

图 14　原子的能级和太阳系有所不同。左图:在原子核周围的第三壳层中能找到电子的概率,其中壳层是三维的,在最理想的情况下,它们是球体。阴影越黑则概率越高。原子核位于中心位置,但是图中没有绘出。右图:行星轨道示意图。轨道是二维的,行星沿着轨道运行

它们具有显著的量子特性，因此必须采用波函数描述。电子在原子中的位置是高度不确定的，其概率分布是一团形状对称的电子云，我们称之为轨域。轨域上的电子能量是离散的，这是其量子化的特征。正是这种量子化产生了我们在元素周期表中所发现的规律性。

太阳系中的情况则大为不同。太阳系中的行星与太阳之间的距离各有不同，但不是模糊的概率分布，轨道也不是量子化的，并且太阳系也不会有元素周期表。这些差异从何而来？

主要原因在于，原子比太阳系更小，其组分也更轻。在量子力学中，任何事物（无论是微观粒子还是宏观物体）都具备固有的不确定性，其位置具有不可还原的模糊性。电子的典型量子模糊度——我们称之为康普顿波长——约为 2×10^{-12} 米，与氢原子的大小（其半径约为 5×10^{-11} 米）相仿。这两个尺度互相匹配，这就是量子效应在原子中发挥巨大作用的原因。我们回过头来看看地球的典型量子不确定性，大约是 10^{-66} 米，与地球到太阳的距离（约为 1.5 亿千米）相比，这完全可以忽略不计。原子和太阳系在尺寸和质量等物理性质上的不同，造就了它们之间的巨大差异。原子并不是缩小后的太阳系，太阳系也不是放大后的原子。用专业术语来说，这些规律并不是尺度不变的。

为什么自然规律不是尺度不变的？原因在于那 26 个常数。它们决定了各种物理过程所对应的尺度，而每个尺度都有所不同。

我们可以在生物学中看到物理学对于尺度有多么依赖。对昆虫这样的小动物来说，由接触导致的摩擦力所产生的影响比我们所感受到的影响要大得多。这就是为什么蚂蚁能爬墙，小鸟能飞翔，而我们不能——人类的身体太重了。一只具有人类的体型和体重的蚂蚁将是生物进化的灾难——而且它也不可能爬得上墙。并不是这些小动物的形状让它们掌握了人类所不具备的能力，而是它们不需要费劲去对抗引力。

那么，让我们看看宇宙和大脑到底有多相似。当然，千万别忽略那些自然常数，它们干系重大。

宇宙正在膨胀，而且是加速膨胀，膨胀的速度由宇宙学常数决定，而宇宙学常数是最简单的暗能量形式。相比之下，大脑通常不会膨胀（当然，我们有时会在文学作品中看到这种比喻），而且也不会随着宇宙的膨胀而膨胀：大脑是由电磁力与核力维系在一起的，这比宇宙膨胀所产生的拉力要强得多。哪怕是星系也会被它们自身的引力维系在一起，不会随着宇宙一起膨胀。只有在星系团和丝状体之间这种地方，宇宙的膨胀才能取得胜利，将星系网拉伸开来。

因此，如果星系团是宇宙的神经元，那么它们彼此间就会以不断增加的相对速度渐行渐远——而且这种情况已经持续了上百亿年。瓦扎和费莱蒂在论文中指出，暗能量可能是具有"惰性"，但它对宇宙的结构起到了重要作用。虽然宇宙中暗能量的比例与大脑中水的比例相仿，但水不会让大脑膨胀（如果水会让大脑膨胀，那可相当不妙了）。

另一个使宇宙和大脑之间存在显著差异的常数是光速。人类大脑中的神经元大约每秒发送 5 到 50 个信号，这些信号大多

数（约占 80%）都是短距离的，大约只会传递 1 毫米，剩下的
20% 则通过长距离传递将大脑的各个部分连接起来。这两种信号
对我们的思考都至关重要。人类大脑中的信号大约以每秒 100 米
的速度传播，仅为光速的 100 万分之一。是不是觉得这已经慢得
离谱了？其实疼痛的信号传播得更慢，其速度大约是每秒 1 米。
我上次脚趾撞到门上的时候刚好看着自己的脚，因此还来得及在
疼痛信号真正到来之前想着："一会儿一定会很疼的。"

也许我们的宇宙比爱因斯坦更聪明，它已经找到了一种比
光还要快的信号。但是现在不是胡猜乱想的时候，我们还是在现
有的物理学范畴内讨论这个问题吧。目前宇宙的直径大约是 900
亿光年，这意味着如果"宇宙脑"的一端想要和另一端取得联
系，那么这个"想法"至少需要花 900 亿年才能到达。即使是以
光速向离我们最近的"神经元"（M81 星系团）发送一个信号，
也需要大约 1 100 万年才能到达——到目前为止，这种规模的神
经元信息传递大约在宇宙的整个生命周期中只发生过 1 000 次。
如果不考虑远距离传输，那么我们的大脑只需要 3 分钟左右就能
完成这么多次信息传递。而且，宇宙自身内部的联系能力会随着
它的膨胀而逐渐降低，所以此后只会每况愈下。

关键在于，就算宇宙真的在思考，那它思考的效率也实在
太低了些。宇宙巨大的尺寸限制了它自诞生以来能产生的想法之
数量——而尺寸很重要。要说宇宙会思考也得先问问物理学答不
答应。如果想要进行大量思考，拥有一个小而紧凑的大脑至关
重要。

。　。　。

还有一个问题是，整个宇宙有没有可能会以一种我们目前还不理解的方式联系在一起，从而克服光速的限制做出一些实质性的思考。这样的联系通常来自量子力学中的纠缠，这是一种可以跨越很长距离的非定域量子连接。

处于纠缠态的粒子共享同一个可测量性质，但是我们不进行测量的话就不会知道它们之中的哪一个具有什么样的性质。假设你现在有一个已知能量的大粒子，接下来它衰变成两个更小的粒子，其中一个往左飞，另一个往右飞。你知道总能量一定是守恒的，但你不知道这两个衰变产物中的哪一个往左飞，哪一个往右飞——它们处于纠缠态：与总能量有关的信息分布在它们之中。根据量子力学，你只能通过测量来确定，哪个小粒子拥有总能量中的哪一部分。但是，一旦你测量了其中一个小粒子所拥有的那部分能量，另一个小粒子所拥有的是能量中的哪一部分也会立马确定，无论它现在离你多远。

这听上去确实像是一种你可以用来传递信号且快过光速的存在。但是，由于其结果是随机的，这种测量无法传递任何信息。测量其中一个粒子的实验员不能确保他会得到某个特定的结果，所以他没有办法将信息传递给另一个粒子。

纠缠是一种远距离的瞬时联系，这一观点成了伪科学生长的沃土。两年前，我在一场专题研讨会中遇到了一位作家，他最近出版了一本关于恐龙的书[1]。我想，我们之所以会坐在一起，是因为古生物学家和物理学家恰好被安排在了相邻的位置。[2]主持人尽了最大的努力，试图将话题从恐龙转到量子力学上面来，他问我，恐龙是否有可能在宇宙中与造成它们灭绝的流星体纠缠在一起。

他的提议很有趣，但如果从物理学的角度来看，这个想法毫无意义。首先，我们之前已经讨论过了，对于你、我、恐龙、流星体这样的宏观物体，量子效应会以迅雷不及掩耳之势消失不见。事实上，只要时刻牢记宏观上的量子效应极难维持，你就可以揭穿99%的量子伪科学。量子纠缠没法用来治疗疾病，就像空气没法用来修建房屋一样。同样，量子纠缠也不能用来解释恐龙的灭绝。

也许更重要的是，量子力学中的纠缠通常被描绘得比实际情况更加神秘。虽然纠缠确实是非定域的，但其产生过程依然是定域的。如果我掰开一块饼干，然后把其中一半交给你，那么这两部分确实是非定域相关的，因为无论此后相隔多远，它们断裂的线条永远可以吻合。纠缠就是类似于这样的非定域相关性，但是从量化的角度来说比饼干的相关性更强。

我说这些不是想要贬低纠缠的重要性。量子关联与非量子关联当然是不同的，这也是为什么量子计算机比传统计算机的运

---

[1]　这个人不是丽莎·兰道尔。（丽莎·兰道尔是一位理论物理学家，出版过《暗物质与恐龙》一书，作者在这里提到她也是因为这本书。——编者注）

[2]　古生物学（paleontology）和物理学（physics）字母排序相近。——译者注

算速度更快。但是这种优势的原因并不在于量子关联的非定域性，而是纠缠态粒子可以同时做多件事（请注意，这只是数学的文字描述），而数学是不可能用文字准确描述的。

我想，很多人认为正是纠缠使量子力学变得很"奇怪"，主要原因在于，这一概念总是免不了要和爱因斯坦的名言"幽灵般的超距作用"摆在一起。爱因斯坦的确对于量子力学说过这番话[3]（当然了，爱因斯坦是德国人，所以其实他用的是德语 spukhafte Fernwirkung），但他所指的并不是纠缠，而是波函数的还原，这才是真正的非定域过程——如果你将其视为物理过程的话。

现在大多数物理学家都认为波函数的还原不是物理过程，但我们对此知之甚少。彭罗斯指出，这是我们对自然认知的缺陷。[4] 而这仅仅是物理学家在过去几十年中追根究底地研究非定域性的原因之一，非定域性不仅包含非定域纠缠，还有时空中的实际非定域连接——信息可以通过这种连接以超越光的速度瞬间传递到很远的地方。

这不必然与爱因斯坦的理论相冲突。爱因斯坦的狭义相对论和广义相对论并不禁止超光速移动本身，只是禁止物体从光速以下加速到光速以上，因为那样需要消耗无穷大的能量。所以，光速只是障碍，而非限制。

无论是超光速运动，还是超光速信息传递，都不必然导致因果悖论。所谓的因果悖论，我举个例子你就明白了：某个人穿越到过去，杀死了自己的祖父，而这样会导致他自己无法诞生，于是就不会有这样一个人穿越回去了。在狭义相对论中，超光速旅行会导致这种因果悖论，因为如果一个物体移动得比光速还快，那么对于另一个观察者来说，它看起来就像是回到了过去。因此在狭义相对论中，超光速运动和时间倒流总会结合在一起，这也为因果悖论敞开了大门。

但广义相对论中却不会出现因果悖论，因为宇宙在膨胀，而这规定了"时间前进"的方向。时间前进的方向与熵增向前进展的方向有关，虽然它们之间的关系我们还不太清楚，但是这对我们讨论的问题来说无关紧要，重要的是宇宙规定了时间前进的方向（虽然这一点还有争议）。因此，非定域性和超光速信号传递既不违背爱因斯坦的理论，也不一定会超越物理学的范畴。

它们的存在反而可能有助于解决当前理论中的一些问题——例如，黑洞似乎会导致信息的丢失，这与量子力学不一致（参见第 2 章）。黑洞视界禁锢了光以及速度慢于光的一切，但非定域连接可以跨过视界，帮助黑洞内的信息逃逸，于是这个问题就解决了。一些物理学家还指出，暗物质其实是一种错误的归因，实际情况可能只是普通物质的引力会因为时空中的非定域连接而增长和扩散。[5]

上述都是没有实证支撑的猜测，我对它们不是很感兴趣。我提到这些只是为了表明，物理学家已经认真考虑过横跨整个宇宙的非定域连接。它们确实过于牵强，但也没有什么明显的错误。

这种非定域连接从何而来？它们有可能是几何发生的过程遗留下来的。我们在第 2 章简要讨论过几何发生学，它认为，宇宙本质上是一个网状结构,它的近似就形成了爱因斯坦理论中的平滑空间。然而,早期宇宙的网络在创建时空几何时,可能会在其中留下缺陷。正如福蒂尼·马科普洛(Fotini Markopoulou)和李·斯莫林在 2007 年提出的观点[6],这意味着如今的空间中遍布着非定域连接(参见图 15)。

图 15 空间(灰色)中的非定域连接(黑色)就像微型虫洞一样,沿着这些路径旅行根本不会耗费时间

你可以把这些非定域连接想象成微型虫洞,它们在两个相隔很远的地点之间开辟了捷径。这些非定域连接的规模对我们来说太小了,其直径只有 10^{-35} 米,甚至连基本粒子都无法通过。但它们会用自身将宇宙的几何结构紧密地联系起来,并且数量众多。根据马科普洛和斯莫林的估算,我们的宇宙中大约有 10^{360} 个这样的连接。相比之下,人类的大脑中只有区区 10^{15} 个神经突触。并且宇宙中的连接都是非定域的,因此空间的膨胀对它们来说不算什么问题。

没有什么特别扎实的理由可以说服我相信这些非定域连接确实存在;即使它们真的存在,我认为这也不足以说明宇宙的确能凭借它们进行思考。可我也不能排除这种可能性。虽然听起来疯狂，但宇宙具有智慧这一观点与我们目前所掌握的一切并不冲突。

会不会每个粒子中都包含一个宇宙呢?

在上一节，我们知道了自然规律并不是无标度（不依赖尺度）的；也就是说，物理过程会随着对象的尺寸而变化。但还有一种你可能更加熟悉的无标度形式，那就是分形。以科赫雪花为例，它是通过在等边三角形上添加更小的等边三角形而生成的，如图 16a 所示。如果你继续这么无穷地添加下去，那么最终得到的形状就是分形——其面积是有限的，然而周长是无限的。

图 16a　科赫雪花是通过在等边三角形上不断添加更小的等边三角形而生成的

图 16b　科赫雪花上的三角形图案会在适当的放大倍数下精准地重复先前的图案

　　科赫雪花并不是无标度的，如果你放大它的某个角，图案就会发生改变；但是在适当的放大倍数下，它就会完全重复之前出现过的图案。如果你一直放大，这个图案就会一遍又一遍地重复，我们将这种性质称为离散标度不变性。这个图案不是在每次放大时都会重复，而是只在某些倍数下如此。既然我们的宇宙也是无标度的，那么它会不会也可以具备离散标度不变性，从而使得每个粒子中都包含一个宇宙呢？也许这是真的。数学家、企业家斯蒂芬·沃尔夫拉姆（Stephen Wolfram）曾对此做出过猜测："（也许）在普朗克尺度①下，我们会发现一个完整的文明，其中的设定可以让它的运行方式与我们的宇宙相同。"[7]

　　为了实现这一点，结构并不需要在放大过程中完全与先前一样。较小的宇宙可能会由不同的基本粒子组成，或者具有的自然常数与我们的自然常数多少有些不同。然而，即便如此，这个想法也很难与我们已知的粒子物理和量子力学相容。

----

① 大约是 10^{-35} 米。

　　首先，如果已知的基本粒子中存在许多不同版本的迷你宇宙，那么为什么我们只能观测到 25 种不同的基本粒子？为什么没有数十亿种呢？更糟糕的是，只是简单地推测已知的粒子是由更小的粒子组成的（或者是由星系、恒星、粒子这样层层嵌套组合而成的）是行不通的。原因在于，组成粒子（或是星系等物体）的质量必须小于复合粒子的质量，因为质量都是正值，并且它们还需要加在一起。这意味着已知粒子内部的新粒子质量一定很小。

　　但是粒子的质量越小，就越容易在粒子加速器中产生。这是因为产生粒子的原理就是粒子碰撞的能量必须达到与粒子质量相当的规模（$E = mc^2$）。因此，小质量粒子通常是最先被发现的。事实上，如果你回顾一下物理学史中发现基本粒子的顺序，就会知道较重的粒子都是后来发现的。这意味着，如果每个基本粒子都是由更小的粒子组成的，那我们早就应该见过它们了。

　　解决这个问题的方法之一，是把这些新粒子紧紧地束缚在一起。这样一来，即使粒子本身质量很小，要打破这些粒子间的作用力也需要很高的能量。这就是强核力的原理，它可以将夸克束缚在质子内部。夸克虽然质量很小，但依然难以发现，因为你需要制造出巨大的能量才能将它们彼此分开。

　　我们没有证据表明任何已知的基本粒子是由束缚如此紧密的小粒子组成的。不过，物理学家当然已经考虑过这个问题了，这种可以组成夸克的强束缚粒子被称为"前子"（preon）。但是物理学家为此提出的模型[①]与大型强子对撞机获得的数据相冲突，目前大多数物理学家已经放弃了这个思路。其中还有一些复杂的模型仍然可行，但无论如何，束缚得如此紧密的粒子完全不可能具有和宇宙类似的结构。要想得到这样的结构，必须要有长程力（如引力）和短程力（如强核力）之间的相互作用。

另一种使迷你宇宙与观测数据相一致的方式是，其中的粒子与我们已知的粒子之间的相互作用极其微弱，以至于它们可以穿透普通物质。在这一前提下，粒子对撞机中也不太可能产生这种粒子，于是我们就无法检测到它们。这就是为什么中微子这种基本粒子虽然也质量极小，却能在很长一段时间内躲过我们的搜寻。中微子很少与外部发生相互作用，因此大多数中微子都会直接穿过探测器，而不会留下信号。然而，如果你想用这种相互作用弱且质量低的粒子创造一个迷你宇宙，那就会带来新的问题：它们应该在我们宇宙的早期阶段就开始大量生成了，就像中微子那样，因此我们也应该早就能找到相应的证据。很可惜，我们并没有找到。

你也看到了，想要由其他东西（新的粒子或是微缩星系）构建出已知的基本粒子，同时还不能与观测数据相冲突，这并不容易。这就是粒子物理标准模型长盛不衰的原因。

在已知粒子中放入新粒子的想法还会遇到另一个问题，那就是海森堡不确定性原理。在量子力学中，粒子的质量越小，就

---

① 我们称之为人工色模型（technicolor model）。

越难将其约束在一片狭小的空间中（比如基本粒子的内部）。如果你将大量未知的低质量粒子塞进一个已知的基本粒子中，试图以此来创造一个迷你宇宙，那么它们就会通过量子隧穿逃逸出去。

你大可以假设基本粒子内部的体积足够大来规避这个问题，就像《神秘博士》（*Doctor Who*）中的"塔迪斯"（TARDIS）①一样，它们的内部空间可能比外观看上去更大。我知道这听起来很疯狂，但确实是有可能的。这是因为广义相对论允许我们弯曲时空，甚至可以形成一个袋子（参见图 17）。这种袋子的表面积很小，从外面看上去不大，但里面的体积却很大。创造了"黑洞"和"虫洞"这两个术语的物理学家约翰·惠勒称它们为"金袋子"（这个名称可远远不如前面两个术语那样朗朗上口）。[8]

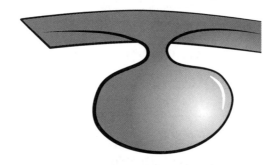

图 17　惠勒的"金袋子"，也就是婴儿宇宙，从外面看起来很小，但里面却很大

① 《神秘博士》中的塔迪斯是时间领主技术的产物，它既是一台时间机器，又是一艘宇宙飞船。在前几季《神秘博士》剧集中，TARDIS 是 Time And Relative Dimension In Space（时间和空间的相对维度）的缩写，后来则变更为 Totally And Radically Driving In Space（在宇宙中横冲直撞）。——译者注

　　问题在于，这种结构不太稳定——它的开口会闭合，进而产生一个黑洞或是一个孤立的婴儿宇宙。我们会在随后的访谈中讨论这些婴儿宇宙，但是由于它们不在我们的空间中，所以它们不可能是基本粒子。如果基本粒子是黑洞，那它们就会蒸发，消失不见。这不仅是一个我们从未见过的基本粒子行为，同时还违背了我们所知的依然有效的守恒定律。或者，即使你设法找到了一种避免蒸发的方式，它们也有可能合并成更大的黑洞，而这也和我们观测到的基本粒子行为不相符。

　　也许存在一种能够克服上述所有问题的方法，但我不知道。因此我的结论是，粒子内部存在宇宙的观点与我们目前已知的自然规律是不相容的。

电子有意识吗?

　　是时候谈谈泛心论了。该理论认为，所有物质，无论其有生命还是无生命，都是有意识的。而我们只是碰巧比胡萝卜更有意识。根据泛心论，意识无处不在，即便是最小的基本粒子也有意识。有很多人都持有这一观点，例如替代医疗的倡导者迪帕克·乔普拉（Deepak Chopra）、哲学家菲利普·戈夫（Philip Goff）和神经科学家克里斯托夫·科赫（Christof Koch）。[9] 从这个名单上就能看出来，泛心论信徒广泛，它的思想也是混杂的，我只能保证我会尽力理清。

　　首先我们要注意到，纵观整个宇宙历史，每一个曾经出现过的想法都是通过物理过程产生的，因此我们没有理由认为意识（或者其他类似的概念）是非物理的。我们还不知道如何准确地给意识下定义，也不知道大脑的哪些功能是意识所必需的，但意识是我们只有在物理系统中才观测得到的属性。当然，这也是因为我们只能观测物理系统。如果你认为自己的思想是一个例外，那你可以尝试一下看看自己能不能在不动用大脑的前提下思考。祝你好运。

泛心论被吹捧为解决二元论（认为心灵和物质是两个完全独立的东西）问题的有效方案。我们之前提到过，二元论并没有错，但是如果心灵是与物质相分离的，那它就不会影响我们所感知的现实。因此，这显然是一个无关乎科学的观点。那么泛心论要如何解决这一问题呢？该理论宣称，意识是一种任何物质都具有的基本属性——它无处不在。

在泛心论中，每个粒子都带有原意识以及最基础的经验。在某些情况下，比如在你的大脑中，原意识会结合起来形成真正的意识。你马上就会明白为什么物理学家会质疑这个观点。物质的基本性质是我们物理学家的主场，如果其成员有所增减，那我们肯定第一时间就会知道。

我知道物理学家素有思维狭隘的名声，但我们之所以如此，是因为我们从很久以前就开始尝试疯狂的想法。如果我们如今已不再提及某些想法，那是因为我们早就知道它行不通。有人称之为思维狭隘，但我们称之为科学。我们只会向前看。基本粒子会思考吗？不会。为什么？这与事实证据相冲突。

我们可以根据量子数这一性质对标准模型中的粒子进行分类。例如，电子的电荷为–1，它的自旋值可以是+1/2或–1/2。还有些量子数名称相当复杂，比如弱超荷，但是它们具体叫什么并不重要。重要的是，有少数的几个量子数可以唯一确定一个基本粒子的类型。

如果你要计算在一次粒子对撞中产生了多少特定类型的新粒子[①]，那么结果就取决于产生的粒子存在多少种变量，尤其是量子数不同取值的数量。因为这是量子力学，任何可能发生的事情都会发生。所以，如果一个粒子存在多个变量，那么每个取值相对应的粒子都会产生，无论你能否区分它们。

如果你想让电子拥有任何形式的体验，无论这种体验有多么原始，那么这都意味着它们必须具备多种不同的内部状态。但如果是这样，我们早就能发现了，因为这会改变这些粒子在对撞中产生的数量。我们根本没有见到过这样的事情，因此电子不会思考，其他基本粒子也不会。观测数据不支持它们会思考这一结果。[10]

你大可以尝试一些创造性的方法来摆脱这个结论，不过能想的办法我都已经想过了。一些泛心论者试图证明，哪怕没有不同的内在状态也能拥有体验，原意识只是毫无特征的东西。但这样一来，宣称粒子有"体验"就没有意义了。我还可以说鸡蛋也造诸业[②]，只是你看不到鸡蛋的业，业同样是毫无特征的东西。

接下来你还可以试着这样论述：也许我们看不到基本粒子

---

① 即多重性。

② "业"，佛教用语。——译者注

的内部状态，这些状态只会与大量聚集的粒子才有所关联。不过，这并不能解决问题，因为你得解释这种组合现象是怎么出现的。你要怎么做才能将没有特征的原意识与突然有特征的事物组合起来？这确实是个问题，哲学家称之为泛心论的组合问题。事实上，如果原意识在物理的角度上是没有特征的，那么这个问题与试图理解基本粒子如何组合起来创造了意识系统的问题，就是完全相同的。

最后（也是我每次讨论这一话题都会得出的结论），你可以假设原意识不具有任何可测量的性质，且它唯一可观测的结果就是它能够结合成我们通常所说的意识。这与现有的证据并不冲突，但是问题在于，你只是得到了一个稍显怪异的二元论——到处都是不可观测的"意识物体"。从结构上来说，这对于我们解释观测结果既无用也不必要，因此这同样无关乎科学。

简而言之，如果你想把意识看作物理意义上的"物体"，那就必须解释清楚它的物理原理。鱼与熊掌不可兼得。

。 。 。

我已经告诉了你泛心论的错漏之处，接下来请允许我再解释一下它有哪些闪光点。

在我看来，对意识最合理的解释是，它与某些系统（如大脑）处理信息的方式有关。我们还不知道如何准确地定义这些过程，但通过这一点我们基本可以确定，意识不是二元论的。意识不是一个或有或无或者非此即彼的性质，而是渐进发展的。有些系统的意识更强，有些系统的意识则稍弱，这是因为有些系统处理的信息更多，有些系统处理的信息则更少。

我们通常不会这样看待意识，因为对于日常生活来说，二元分类就足够了。这就像是尽管从严格意义上说，没有任何材料是完全绝缘的，但在大多数情况下，我们只需要把材料分成导体和绝缘体就足够了。

然而，一个具有意识的系统，其尺寸必须大于某个最低限度，因为处理信息需要一定的物质基础——像电子这样不可分割的、内部无特征的东西就做不到。我不知道这个下限是多少，估计没有人知道。但它一定存在，因为基本粒子的性质已经得到了非常精确的测量，事实证明它们不会思考，这一点我们之前已经讨论过了。

这种泛心论的观念不同于前面讨论的其他观念，因为它不需要改变物理学的基础。相反，它表明意识是从已知的物质成分中弱涌现出来的，只是涌现的条件尚不明确罢了。这才是真正的"组合问题"。

尽管并非所有泛心论的拥护者都为此感到兴奋，但还是有不少人针对这种与物理学相容的泛心论提出了研究方法。前面提到的克里斯托夫·科赫是可以坦然接受泛心论者这个标签的人中的一位，他还是支持整合信息理论（integrated information theory，简称IIT）的研究者之一，这是目前意识研究领域最为风行的数学方法。神经学家朱利奥·托诺尼（Giulio Tononi）于

2004 年提出了这一理论。[11]

整合信息理论给每个系统都分配了一个数字Φ（希腊字母φ的大写），用于表示系统的整合信息，这是测量意识的标准。系统在处理信息时越擅长分配信息，Φ值就越大。一个拥有很多独立计算部分的碎片化系统可能会处理很多信息，但是由于这些信息并未被整合，因此其Φ值很小。

例如，一台数码相机拥有数百万个感光器，它会处理大量信息，但是系统的各个部分很少协作，因此数码相机的Φ值很小。人类的大脑的内部连接则相当紧密，神经脉冲在各个部分之间往来不止，因此其Φ值很大。整合信息理论看上去似乎挺像那么回事，但也存在一些问题。

其中一个问题是，Φ值的计算非常耗时。这一计算过程需要你考虑到目标系统的每一种可能存在的划分方式，然后再计算各部分之间的连接，这需要极其强大的计算能力。据估计，即便是只有 300 个突触的蠕虫大脑，用目前最先进的计算机也需要几十亿年才能计算出它的Φ值。[12] 因此在实践中，对人脑Φ值的测量采用了整合信息理论中极度简化的定义——例如，不再考虑所有可能的部分之间的连接，而是只计算几个较大的部分之间的连接。

这些简化的定义和意识有哪怕一点点关系吗？一些研究声称确实有关，不过也有人认为没有。《新科学家》杂志在采访了剑桥大学的丹尼尔·博尔（Daniel Bor）之后报道称："例如，当你处于睡眠状态或者全身麻醉下的镇静状态时，Φ值应该会下降，但博尔的团队通过实验指出，事实并非如此。'在这种情况下，Φ值要么上升，要么保持不变。'他说。"[13]

计算机科学家斯科特·阿伦森（Scott Aaronson）指出，整合信息理论的另一个问题在于，我们可以设想出一些相当平凡的系统，它们解决了一些数学问题，但是它们在计算过程中采用了分布式处理的方法，这会使Φ值急剧升高。[14] 这个例子表明，Φ值总体来说与意识无关。

还有人提出了其他可以用于测量意识的方法，例如：大脑不同部位的活动之间的关联度，或者大脑对自身以及外部世界建立模型的能力。[15] 我个人对这些测量方法抱有极大的怀疑，像人类意识这样极其复杂的东西怎么可能用一个简简单单的数字就能表示出来呢？但是这个疑问对我们讨论的问题来说无关紧要，我们只要知道意识测量的效果可以从科学的角度进行评估即可。

我还要补充一些关于"玛丽的房间"（Mary's room）的内容，因为时常有人会用这个例子来试图向我证明，感知不是一种物理现象。[16] 玛丽的房间是由哲学家弗兰克·杰克逊（Frank Jackson）于1982年提出的一个思想实验。在他的想象中，玛丽是一名从小在黑白房间里长大的科学家，她在这个房间里看见的所有的东西都是黑白的，没有色彩，而她研究的课题正是人类对颜色的感知。玛丽对于颜色的物理现象和大脑对颜色的反应了如指掌。杰克逊问道："当玛丽走出她的黑白房间，或是收到一台彩色电视机时，会发生什么呢？她会获得关于颜色的新知识吗？"

杰克逊认为，玛丽在亲身感知到色彩之后学到了一些新知识，因此对颜色的感觉（sensation）与大脑对于颜色的知觉（perception）是不一样的。心灵具有不同于物理性质的一类特殊性质——感受质。

这一论述的缺陷在于，它混淆了对于颜色之感知的知识以及对颜色的实际感知。仅仅是了解大脑对某些刺激（比如颜色感知）的反应，并不意味着你的大脑真的有那样的反应。杰克逊本人后来也放弃了这个观点。[17]

事实上，今天的科学家已经可以测量出人类大脑在有意识或者无意识的情况下分别会有什么表现，可以通过直接刺激大脑来创造体验，可以直接读取大脑中的思想，并且已经在开发脑-脑接口上迈出了第一步。到目前为止，还没有任何证据表明人类的感知是非物理的。

我对此毫不奇怪。"意识是一种主观体验，所以不能在科学上进行研究"，这一观点从来就说不通，任何科学家研究的都是自身的主观体验。有些人可能会认为某些体验是客观的，好吧，但归根结底，这一切都在他们的脑海里。这种情况会一直持续下去，除非我们终有一天能够通过连接大脑来解决唯我论问题。

当然，在关于意识的研究中，科学哲学家的想法依然是不能忽视的，他们可以帮助我们理清一个对于意识的完美定义必须满足哪些条件，它可以回答哪些问题，以及什么才能算作最终的答案。但是关于意识的研究大体上已经脱离了哲学的范畴，现在，它是科学了。

小结

　　根据目前确立的自然规律，宇宙无法思考。然而，物理学家提出宇宙可能拥有很多非定域连接，因为这有助于解决现有理论中的几个问题。这目前还只是猜测，但如果它是正确的，宇宙就有可能拥有足够便捷的沟通渠道来产生意识。然而，粒子内部存在宇宙的观点以及粒子具有意识的观点要么与证据相冲突，要么根本无关乎科学。由于意识很可能不是二元论的，所以有些泛心论的观点与物理学是相容的。

我们能创造一个宇宙吗？

——齐亚·梅拉利访谈录

　　如果你经常阅读有关物理的科普文章，那你肯定或多或少地读过齐亚·梅拉利（Zeeya Merali）的大作。她曾为《科学美国人》《新科学家》《发现》（*Discover*）和《自然》等杂志撰文，还与 BBC（英国广播公司）和 NOVA（美国公共广播公司旗下的科学纪录片系列）等媒体合作播送过科学报道。齐亚有一门独门诀窍，即便她报道的是高度推测性的观点，其内容也不会落入俗套的哗众取宠。她是我最喜欢的作家之一。

　　我和齐亚取得博士学位的时间相近，她是 2004 年，我是 2003 年。可是我从来没有真正地完成从科学研究到科学写作的转变，结果现在两边都是半吊子；而齐亚则不同，她在取得博士学位之后成功地转向了科学新闻领域。她还为基础问题研究所做了大量宣传工作，我是该研究所的成员之一，所以我们在过去几年见过几次面。2017 年，齐亚出版了她的第一本书《小房间里的大爆炸：创造新宇宙的探索》（*A Big Bang in a Little Room: The Quest to Create New Universes*）[1]，书中讲述了物理学家对于如何创造宇宙的探索——也许有一天我们真的能做到这一点。

前文提过，目前最流行的关于宇宙起源的理论，即暴胀理论认为，我们周遭的一切都来自弥漫在宇宙中的假想暴胀子场的量子涨落。如果这个场存在，我们就可以在实验室中再现类似的创世事件，孕育出一个婴儿宇宙。这个新生的宇宙将迅速成长，并与我们的宇宙分开，就像一滴水从水龙头中流出一样。从外面看，新生的宇宙在很短的一段时间内就像一个小型黑洞，然后它会在瞬间消失。我们永远不会知道有没有人居住在那里，也不会知道那里发生了什么。

创造这样一个婴儿宇宙需要将大量能量集中在一个很小的空间内。在可预见的未来，这是不可能的，但也许有一天会成为可能。要知道，物理学家目前还不了解空间和时间的量子行为。如果空间和时间也会经历量子涨落，那么婴儿宇宙就可以自发产生，而不需要集中大量的能量。再次强调，这是因为在量子理论中任何可能发生的事情最终都会发生。如果时空可以产生婴儿宇宙（从数学的角度来看，这完全说得通），那么时空就会在某一时刻的某一地点真的产生一个婴儿宇宙。

∘　∘　∘

我本打算去伦敦拜访齐亚，但是从 2020 年年初开始肆虐的新冠疫情让我的旅行计划彻底告吹。在撰写本节内容时，也就是2021年5月，英国依然要求来自德国的游客在入境之后隔离10天，并且其间还要做2次核酸检测。相对于我以往比较习惯的当天往返来说，这不仅很麻烦，而且相当昂贵。我希望当你读到这篇文章的时候，口罩、隔离和封闭边境这样的词汇已经从我们的记忆中慢慢消散了。但此时此刻，随着截稿日期逐渐临近，我只能在Skype网络电话上面邀请齐亚线上访谈。

在例行检查我们能否听到对方说话之后，我又一次问出了那个问题："你信教吗？"

"这个嘛……"齐亚答道，"我刚刚结束了为期一个月的斋月禁食，所以你觉得呢？"于是我继续询问，她是否认为有一天科学家真的可以在实验室里创造出一个宇宙。

"我怎么会知道？"齐亚笑着说："我只是一个写报道的人。当我刚开始接触这一问题的时候，我只是觉得这是个奇怪而有趣的想法。我很喜欢可以提出问题的感觉，这让我可以深入地思考它。而这不仅仅是一个疯狂的想法，它有着悠久的历史。阿兰·古斯写过，安德烈·林德也写过，而他们之所以会思考这样的问题是因为，他们真的试图了解过宇宙是如何起源的。这是有科学依据的。他们以及其他很多人都证明了，创造一个宇宙需要的能量是有限而非无限的，于是这就变成了一个工程问题，一个非常复杂的、未来主义的工程问题，但理论上是可以实现的。这让我感到震惊和兴奋。但实际上可行吗？我对此表示怀疑。"

根据最乐观的估计，创造一个新的宇宙需要的能量大约与

10千克的质量相当（$E = mc^2$）。这些能量是宇宙的启动资金，一旦落实，宇宙自身就能创造出更多的能量，因为膨胀的时空并不遵守能量守恒定律[①]。

10千克听上去好像没多少——但是你要想一想，即使是世界上最大的粒子对撞机，现在也只能撞撞粒子。粒子对撞机中的质量当量差不多比形成宇宙所需的质量低了24个数量级，在温度上也相差大约10个数量级。如果我们对宇宙起源的理解没有出错，那么理论上我们可以再现任何事物。但是在实践中，我们短期内还做不到。

齐亚告诉我："我和那些真正参与研究如何创造宇宙，并为之奋斗了数十年的人聊过，他们是发自内心地认为成功的那一天终将到来——他们很可能是对的。他们中有些人为此描绘了一幅非常浪漫的场景。但对我来说，光是这件事可以实现本身就已经令我心潮澎湃了。"

齐亚说，在刚开始写那本书的时候，她打算从科学的角度来切入这个话题，她想知道到底需要什么条件才能真正创造一个宇宙。但她的出版商认为这并不是故事中最有趣的内容。

"他们问我：'你对伦理、宗教以及道德这几个方面有兴趣吗？'我当时还感觉有些奇怪，"齐亚回忆道，"因为在为科学杂志写专题文章的时候，你通常不会写这些内容——你只会写对科学知识的不懈追求。但是出版商却说：'对我们来说，这才是这

---

① 不幸的是，如今时空膨胀的效果已经大不如前了，根本没有什么实际用途。

本书的精髓所在。'我心想：'等等，他们居然允许我谈论我真正感兴趣但在学习和工作中一直努力摒除的内容！'无论是作为一名科学家还是一名科学记者，你都不会愿意自己的脑门上贴着'古里古怪'的标签，这些在科学领域都是不能涉足的禁忌话题。然后我想：'好吧，要不我先问问那些科学家，看看他们是怎么想的。'"

结果齐亚发现，科学家对于工作中遇到的不那么科学的方面似乎比她想象中的要宽容得多。

"其实我以为科学家会对这个话题感到尴尬，然后不愿意跟我聊，"齐亚说，"所以我打算找一些神学家来讨论那些'古怪'的内容。但我跟科学家聊起来后却惊讶地发现，他们对于这些问题同样思考了很多：如果我们可以创造宇宙，那我们的宇宙是否也有创造者？你能分辨出来吗？你对有可能在你创造的婴儿宇宙中诞生的生命负有怎样的道德责任？还有一些他们在研究宇宙学、基础量子物理甚至量子引力时无意中遇到的其他发散的问题：宇宙需要有意识吗？我们是否都被嵌入了一个无所不包的更大的'意识场'？我们有自由意志吗？他们从来没有在公开场合谈论过这些事情，甚至有的问题他们在同事之间都没有讨论过。那些科学家中有的是无神论者，有的看起来像是无神论者，还有一些算是不可知论者，我们讨论的话题也不一定是与宗教相关的，但是多多少少沾了点儿玄学的味道。"

她又补充了一些例子："宇宙学家安德烈·林德反复提到，宇宙是否必须只有被观察到才能让时间开始在宇宙中流逝，无论观察者是某种'超意识'还是一个无生命的记录设备？这是他在思考量子引力和早期宇宙时产生的想法。因证明了宇宙如何通过量子涨落无中生有而知名的物理学家亚历克斯·维连金（Alex Vilenkin）澄清说，所谓的'无'指的是既没有时空也没有任何物质——但他对量子定律的起源感到好奇。所以宇宙并不是真正从'无'中诞生的，因为物理和数学先前就已经存在了。"

"物理学家不仅愿意谈论此类话题，而且还为此而感到如释重负，因为他们此前都没有机会谈论这些。一位名叫徐一鸿（Tony Zee）的物理学家告诉我，他年轻的时候曾经很喜欢提那些'重大问题'，但是却遭到了一位前辈的痛斥。从那以后，他就开始在公开场合对这些话题保持沉默。"

还有安托万·苏亚雷斯（Antoine Suarez）。"他的研究领域是基础量子力学和自由意志，"齐亚解释道，"他很忠于自己的宗教信仰，因此对量子力学应该是什么样子有着牢不可破的信念。他坚信，量子力学一定是决定论的，因为上帝无所不知，所以不确定性根本不存在。他设计的实验在很大程度上是由他的宗教信仰所驱使的。"

但是实验结果并不支持苏亚雷斯的信念，自然本质上并不是决定论的。"基于那次实验的结果，他改变了对上帝的理解，主要是对上帝全知全能意味着什么的理解。"齐亚显然对此印象深刻。

"你为了讨论'古怪的内容'而找来的那些神学家说什么了？"我问道。

"我最终没有把他们的言论写到这本书里，"齐亚说，"在采访的过程中，当我问到他们有关伦理的问题时，他们的回答相当严谨。这种态度会以一种好笑的方式，毁掉这本书的精神。"

"但是当我向科学家提出同样的问题时，我得到了非常真诚的回答——他们之所以如此坦率，是因为这些问题深入科学的核心，"齐亚解释道，"他们说了一些相当私人的事情，还向我表达了困惑，承认他们有时候不知道该如何思考。我不想在书里接着写神学家说：'实际上，这是思考多元宇宙伦理或是其他什么东西的正确方法，当你从逻辑上进行思考的时候，就会发现科学家关于哲学和伦理的说法并不是很理性，而且没有意义。'我希望这些科学家能够大胆发声，因为他们身处其中，所以他们的话更有价值。我想了解清楚他们已经思考了很久的疑惑。"

我想我明白她的意思。"我觉得物理比道德和伦理更加颠扑不破，"我说，"我的意思是，我不知道两千年后的人会如何看待伦理和道德，但他们还是会沿用今天的计算方法。"

"没错，"齐亚说，"有鉴于此，如果我一定要听取某些人的意见，那我肯定要找那些参与其中的人。我想有趣之处在于，他们对物理问题相当严谨，但是在很多方面又会自然而然地变得非常感性而富有哲理。就像我们其他人一样。他们有着同样的问题和疑惑。他们并非无所不知，并且也很乐意承认这一点。我真的很想把他们这种兼容并包的精神写进书里，因为我觉得有的人会觉得科学把一切问题盖棺论定，但这群人会说：'这个问题我答不上来。'他们对此非常谦虚，我希望所有人都能知道这一点。"

"我经常觉得我们在基础物理学中对哲学和精神层面的东西讨论得不够多，"我说，"尽管这些对物理学领域的许多人来说都非常重要。"

齐亚点了点头："我不认为人们总是能自己意识到这一点，甚至有些人还觉得这意味着失败。但我不觉得这是失败。我认为，既然已经选择投身于某些激情和使命，那么自然就会遇到这样的情况。"

小结

膨胀的宇宙可以产生它自身所需的能量。这意味着，如果我们能弄清楚我们的宇宙是如何开端的，我们就有可能创造一个新的宇宙。目前最受欢迎的宇宙起源物理理论（暴胀理论）可能是不正确的；哪怕它是正确的，根据它创造新宇宙的技术也远远超出了我们的能力范围。但这理论上是可行的。未来的某一天，我们有可能会在实验室里创造一个宇宙，我知道这听起来很疯狂，但是这个想法与我们目前所掌握的一切并不冲突。

人类是可以预测的吗？

数学的局限

还记得电影《本能》里的那个镜头吗？哦，我说的不是那些香艳场面，而是他们上楼梯的那场戏，他说"我非常难以捉摸"，然后她重复了一遍"难以捉摸？"。其实我们并不像自己想象的那样难以捉摸。

事实上，人类行为的许多方面都是相当容易预测的。例如，有时为了反应速度起见，神经反射会凌驾于意识之上掌控你的身体。如果你突然听到一声巨响，我可以预测你会抽搐一下，然后心率飙升。人类的其他行为可以通过群体均值来预测，这些行为的建立来源于经济状况、社会规范、法律以及教养等因素的制约，早晚高峰时期的交通堵塞就是个很好的例子。事实上，根据一项对手机用户的数据分析，受访者93%的移动模式都是可预测的。[1]我还可以预测，如果你在北美的公共场合裸奔，那一定会非常引人注目。英国人爱喝茶，爱看板球；如果你有外国口音，他们一定会向你解释英国开放水域中的天鹅全部归女王①个人所有②。

刻板印象之所以有趣，正是因为人类在某种程度上是可以预测的。但是人类行为可以完全预测吗？我们当然可以说，目前还不能完全预测，但是这个答案太没意思了。根据我们对自然规律的了解，这在理论上可能实现吗？如果你是一个相容论者，出于自己的决定无法被预测的信念而认定自己的意志是自由的，你是否害怕有一天自己的思维和行动可以被他人预测呢？

1965年，哲学家迈克尔·斯克里文（Michael Scriven）指出，这个问题的答案是否定的。斯克里文声称"人类行为存在本质上的不可预测性"[2]，这就是所谓的可预测性悖论：假设你现在有一个任务，是做出决定，例如我给你一块棉花糖，你要么接受，要么不接受。现在让我们想象一下，我预测了你的决定并告诉了你，那么你自然可以反其道而行之，这样我的预测就错了！因此，人类行为具有不可预测的要素。重要的是，即使人类行为完全由宇宙的初始状态决定，斯克里文的论述也同样成立。可预测性似乎并不遵从决定论。

这个结论是正确的，但它和人类的具体行为没什么关系。

---

① 本书英文版出版于2022年8月，英国女王伊丽莎白二世于2022年9月8日去世，英国新国王查尔斯三世继承了这些天鹅的所有权。——译者注

② 然后他们会对你说"抱歉"，并且开始和你谈论天气。

我举个例子你就明白了，假设我编写了一段计算机代码，它唯一的任务就是确认我输入的数字是否为偶数。然后我会添加一个子句，表示若输入信息中包含第一个问题的肯定回答，则输出对第一个答案的否定。这样一来，输入"44"得到的结果是"是"，但输入"44，是"则会得到"否"。根据斯克里文的说法，这段计算机代码中也包含一些本质上不可预测的要素。

事实的确如此，因为对代码输出的预测取决于输入，如果没有输入，那么我们的预测就无从下手。很多系统都有这样的特性，比如现在我递给你一根棉花糖，你的反应取决于我把棉花糖交给你的时候说了什么。但这并不意味着你的反应从根本上是无法预测的；这只能说明，你的反应在数据不足的情况下无法预测。如果把我们俩同时锁在一个与世隔绝的房间里，那么在一个决定论的世界里，你可以预测我们俩会做什么，也可以预测你会不会拿走我手上的棉花糖。

所以斯克里文的论证并不成立。但是如果你仔细观察，你就会知道人类行为在一定程度上是不可预测的，因为量子力学从根本上来说是随机的。我们目前还不清楚量子效应在人类大脑中发挥什么作用，但你也不需要知道这些。你可以用量子力学实验设备，或者打开手机上的"宇宙分裂器"来决定是否要吃棉花糖。而我，无法预测你会做出什么决定。

不过，我依旧可以预测你做出某些决定的概率，我可以反复进行实验来检验我的预测有多准，就像我们检验量子事件一样。所以，当我们问出人类行为是否可预测时，我们其实应该问得再具体一点儿，即决策的概率是否可预测。就我们目前掌握的自然规律而言，这一概率是可预测的——就它们不可预测的程度而言，你无法完全掌控自己的决策。

　　然而，这一结论似乎与计算机科学的一些结论相矛盾。在计算机科学中，某些类型的问题是不可判定的，这意味着在数学上已经证明没有任何算法可以解决这些问题。难道人类的大脑中就没有类似的情况吗？

　　王浩于 1961 年提出的多米诺问题是最著名的不可判定问题之一。[3] 假如你有一套正方形纸牌，现在在每张牌上都画一个大大的 ×，这样就得到了 4 个三角形，然后再用颜色填满每个三角形（参见图 18）。如果不允许旋转这些方块，也不允许留下空隙，那么你能否在让相邻色块的颜色完全相同的情况下，用这些纸牌覆盖一个无限大的平面？这就是多米诺问题。很容易看出，对于特定的拼块组合来说，答案是肯定的——我们能做到这一

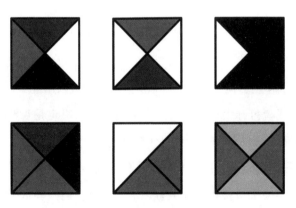

图 18　一组王氏拼块示例

点。但王浩提出的问题是：如果向你提供任意一组拼块，你能告诉我它们能否覆盖这个平面吗？

事实证明，这个问题是无法判定的，我们无法编写计算机代码来回答任意一组拼块能否覆盖平面的问题。1966 年，罗伯特·伯杰（Robert Berger）做出了证明，他指出王浩的多米诺问题是艾伦·图灵停机问题的变体。[4] 停机问题指的是判断一个算法是能在有限时间内结束运算还是无限运算下去的问题。[5] 图灵指出，问题在于不存在可以判定任何给定的算法是否会停止的元算法。同样，可以判定任何给定的拼块组合能否密铺平面的元算法也不存在。

然而，多米诺问题和停机问题的不可判定性都来自算法需要回答的问题与一个无穷大系统有关：多米诺问题涉及所有可能存在的拼块组合，停机问题则涉及所有可能输入的算法，这些对象都是无穷多的。我们在第 6 章已经讨论了复杂系统的某些涌现性质可计算与否的问题。这些不可计算的性质只在某些变量趋近于无限大时才会出现，而这在现实中永远不会发生——在人类的大脑中当然也不会发生。

那么，如果不能证明我们的决定可能在算法上是不可判定的，那么罗杰·彭罗斯提到的哥德尔不完备性定理又如何呢？彭罗斯与我讨论的其实并不是可预测性，而是可计算性，后者比前者稍弱。如果一个过程可以通过计算机算法产生，那么它就是可计算的。目前除量子力学的随机要素之外，自然规律都是可计算的。不过，如果它们是不可计算的，那就会为一些新的东西留出空间，甚至有可能正是不可预测性。

让我们采用彭罗斯提到的一种导出哥德尔定理的方法，他将此方法归功于斯托顿·斯蒂恩。我们从一个有限的公理集出发，想象一个计算机算法，它会从这些公理中一个接一个地生成定理。然后哥德尔表明，在这个公理系统中，总有一个真命题是算法无法证明其为真的。这一命题通常被称为该系统的哥德尔命题①。它的构造本身就默认它在系统中是不可证明的。于是，正因为其无法被证明，哥德尔命题才是真命题，但它的真实性只能从系统外才能观察到。

如此看来，似乎由于我们可以看清哥德尔命题的真实性而算法不能，所以人类的认知中存在一些计算机所不具备的东西。然而，关于哥德尔命题的这一特定见解仅仅对于这一特定的算法才是不可计算的。我们能看清其真实性的原因在于，我们对该系统的了解比生成所有这些定理的算法更加全面——我们知道算法本身是如何编写的。

如果我们把这些信息提供给一个新的算法，那么它就能像我们一样，看清前一个算法的哥德尔命题的真实性。但之后我们可以为这个新算法构造另一个哥德尔命题，然后再构造一个能够识别新的哥德尔命题的算法，以此类推。因此，彭罗斯认为，由于我们可以看清任意一个哥德尔命题的真实性，所以我们的能力比任何能构想出的算法都要强。

---

① 尽管有无限多不同的命题可以执行这个功能。

　　这一观点的问题在于，根据我们目前的判断，经过适当编程的计算机算法具有和我们一样的抽象推理能力。我们计算无穷大的能力肯定不比计算机强，但是我们可以分析无穷大系统，包括可数无穷大与不可数无穷大。可是算法也做得到这一点。于是，哥德尔定理本身就已经在算法上得到了证明。[6] 因此，存在一些同样可以"看清所有哥德尔命题的真实性"的算法。

　　对于彭罗斯的主张，还有许多其他反对意见，但其中大多数都可以归结为：如果没有比计算机掌握更多的信息（比如哥德尔定理），那么人类也同样无法看清哥德尔命题的真实性。然而，我确实觉得，人类会认为 $\forall x \neg \mathrm{Prf}_F(x, \ulcorner GF \urcorner)$[①] 显然为真是一个很美妙的想法[7]，这是只有数学家才能想到的思路。

　　计算机能独立证明哥德尔定理吗？这是一个悬而未决的问题。但至少到目前为止，彭罗斯的观点并没有表明人类的思维是不可计算的。

　　到目前为止，我们还没有找到任何可以让人类行为变得不可预测的漏洞。但是混沌呢？混沌是决定论的，但仅仅只是决定论的，也并不意味着它可以被预测。事实上，混沌对可预测性的影响可能比我们想象中的还要大，因为存在蒂姆·帕尔默所说的"真正的蝴蝶效应"。[8]

　　一般的蝴蝶效应指的是混沌系统的时间演化对初始条件极其敏感，哪怕是小到不能再小的差异（中国的一只蝴蝶扇动翅

---

① 该式是哥德尔命题的数学描述。——编者注

膀）也有可能会在日后产生极大的影响（得克萨斯州的龙卷风）。
而真正的蝴蝶效应指的是，即使初始数据再怎么精确，最终也只
能在有限时间内进行预测。表现出这种行为的系统是决定论的，
但同时也是不可预测的。

　　然而，尽管数学家已经确定了一些与这种行为相关的微分方
程[9]，但我们仍不清楚真正的蝴蝶效应是否真的在自然中存在
过。量子理论从最开始就不是混沌的[10]，因此不会被真正的蝴
蝶效应所影响。在广义相对论中，奇点（比如黑洞内部或者大
爆炸）可以限制我们无法做出超过有限时间的预测，然而，正
如我们之前所讨论的，这些奇点可能只是表明理论失效了，我
们需要用更好的理论来取代它。如果有一天，量子力学可以将
广义相对论补充完整，那么后者也不可能会引发真正的蝴蝶
效应。

　　打破可预测性的最佳候选者是天气预报（和"一般的"蝴
蝶效应有些类似）。在这种情况下，我们采用的动力学定律是描
述气体和流体行为的纳维-斯托克斯方程。该方程是否总是具有
可预测的解？这依然是未解之谜。事实上，它在克莱数学研究所
的千禧年难题①榜单上位列第四。[11]

　　但是纳维-斯托克斯方程并不是基础的，而是从组成气体或
流体的粒子行为中涌现的。而我们已经知道，从根本上（最低层
级）来说，气体是由量子理论描述的，所以其行为是可预测的，

---

① 2000 年 5 月 24 日，美国克莱数学研究所发布了数学领域中尚未解决的 7 个
　　最难、最重要的问题，并且为每个问题悬赏 100 万美元。——译者注

至少在原则上是可预测的。这并没有回答纳维－斯托克斯方程的解是否总是可预测的问题，但如果答案为否，那一定是因为方程没有考虑量子效应。

到目前为止，我们似乎没有理由认为人类的行为是不可计算的，也没有理由认为人类的决策在算法上是不可判定的，并且没有理由认为人类的行为只能在有限时间内可预测。尤其是考虑到第 4 章里有关替换神经元的内容，似乎我们完全可以在计算机上模拟大脑，从而预测人类行为。

然而，物理学在这条路上设置了一些障碍。也许其中最重要的一点是，替换神经元与复制神经元有所不同。我们如果想要预测一个人的行为，首先必须建立一个可靠的人脑模型。为此，我们必须以某种方式测量大脑的性质，然后将这些信息复制到我们的预测机器中。但是在量子力学中，我们不可能在不破坏原系统的情况下完美复制该系统的状态。这一不可克隆原理使得我们无法完全掌握别人的大脑里到底发生了什么，因为一旦掌握就意味着信息已经发生了变化。因此，如果任何与你的思想有关的细节都以量子的形式存在，那么它们就是"不可知的"，因此也是不可预测的。

然而，量子效应实际上可能对于准确定义你的大脑状态并不重要。但即使量子效应无关紧要，在预测人类行为的路径上也还有另外一重障碍。我们的大脑并不是特别擅长处理困难的数学问题，但是在做出复杂决定方面却表现得相当高效——而它的运行功率只有 20 瓦左右，相当于一台笔记本电脑的功耗。如果你能在电脑上模拟出人脑，那么电脑能否比它试图模拟的大脑运行得更快就要打上一个大大的问号了。用斯蒂芬·沃尔夫拉姆创造的术语来说，人类的思维可能是可计算的，但并不是"可计算还原"的，因此在某种意义上来说是不可预测的，因为计算可能是正确的，但是效率太低了。

我们的部分行为是不可计算还原的，这并不是一个难以置信的猜想。人类的大脑经历了数十万年的自然选择而得到了优化，如果有人想要预测它，那么首先就得造出一台能做同样事情的机器，而且运行速度还要更快。然而，同样出于自然选择的原因，人类大脑也不太可能真的就能以最快的速度完成我们的大脑所进行的计算。自然选择的目的并不是为了提出最好的整体解决方案，而是满足生存的需求即可。如果考虑到计算机并不需要像大脑这么节能，那么我估计它的运行速度有可能会超过人类的大脑。但这很困难。

出于同样的原因，我敢打赌，我们永远都不可能像萨姆·哈里斯（Sam Harris）所说的那样，从我们收集到的关于人脑的知识中推导出道德。即使这是有可能做到的，那也要花上太多时间。如果想要知道我们的政治、经济和金融体系是什么样，那么直接找一个人问一问他的想法比这要简单得多，至少也可以问出他们应该做出怎样的行为。

总而言之，我们没有理由认为人类行为在原则上是不可预测的，但有充分的理由认为在实践中做出这样的预测非常困难。

人工智能的脆弱性

在讨论了模拟人类行为方面的挑战之后，让我们稍微谈谈创造通用人工智能的尝试。我们现在使用的人工智能（简称AI）系统只专注于某些特定的任务——比如识别语音、图像分类、下国际象棋或是过滤垃圾邮件。而通用人工智能则不是这样，它能够像人类一样理解和学习，甚至比人类做得更好。

许多知名人士都对如此强大的人工智能的开发表达了担忧。埃隆·马斯克认为这是"人类生存的最大威胁"[12]；史蒂芬·霍金认为，这可能是"人类文明史上最糟糕的事情"[13]；苹果公司联合创始人史蒂夫·沃兹尼亚克认为，人工智能将"摆脱迟钝的人类，更高效地运营公司"[14]；比尔·盖茨也认为自己是"关注超级智能的阵营"中的一员[15]。2015年，生命未来研究所发布了一封超过8 000人署名的公开信，呼吁人们在人工智能的研发上谨慎行事，并且制定了一份研究重点清单。[16]

这些担忧并非没有道理。与任何新兴技术一样，人工智能也会带来风险。虽然我们还远远没有创造出智力哪怕稍微有点儿接近人类水平的机器，但只有尽早打算到时候要如何处置它们才是明智之选。然而，我认为这些担忧忽略了人工智能有可能会带来的一些更加紧迫的问题。

人工智能不会很快就摆脱人类，因为它们在相当长的一段时间内还需要我们的帮助。人脑可能不是最好的思考装置，但它相比于我们迄今为止建造的所有机器来说都有一个显著的优势：

它可以稳定运行好几十年。人类大脑的鲁棒性[①]极强，具备自我修复的能力。数百万年的进化不仅优化了我们的大脑，也同样优化了我们的身体，虽然进化的结果称不上尽善尽美（这该死的膝盖[②]），但它仍然比我们迄今为止创造的任何硅基思维设备都更加耐用。[17]一些人工智能研究人员甚至认为，某种类型的身体对于达到人类水平的智能来说是必要的。如果他们所言非虚，那么人工智能的脆弱性问题将大大加剧。

每当我向热衷人工智能的人提出这个问题时，他们都会告诉我人工智能可以学会自我修复；即使它们学不会，它们也可以将自己上传到另外一个平台。其实在我们眼中，人工智能的威胁很大程度上来自，我们认为它们可以高效、轻易地自我复制，并且基本上可以说是不死不灭的。但我认为人工智能不会朝这一方向发展。

在我看来更有可能的是，人工智能的数量和种类起初都会很少，而且在很长一段时间内都将如此。通用人工智能的搭建和训练需要大量的人力和多年的时间，而且复制起来并不比复制人类大脑轻松。它们一旦损坏就很难修复，因为就像人类的大脑一样，我们无法将硬件与软件分开。早期的通用人工智能可能很快就会死去，而我们甚至无法理解其中的原因。

我们已经看到这种趋势初见端倪。即使我们的计算机具有

---

① 在此处指信息系统的容错、抗攻击或及时恢复的特性。——编者注
② 由于跪行和二足直立的共同作用，人类足部着地时比其他动物更容易对膝盖造成负担。——译者注

相同的模型，运行着相同的软件，它们也不可能一模一样。黑客可以利用计算机之间的些许差异来追踪你在互联网中的活动。例如，帆布指纹识别是一种让计算机渲染字体以及输出图像的方法，而你的计算机在执行这些任务时所采用的具体方式取决于你的硬件和软件配置，因此，输出结果可以用于识别设备。

目前，你可能还不太会注意到不同计算机之间的这些细微差别（除非你一边喃喃自语"之前一定有人遇到过这个问题"，一边花费几个小时的时间去浏览互助论坛，结果却一无所获）。计算机越复杂，它们之间的差异就越明显。总有一天，它们会成为具有不可复制的怪癖和缺点的个体，就像你我一样。

因此，虽然我们面临着人工智能的脆弱性，但越来越复杂的软硬件也会逐渐发展出各自的独特性。顺着这个趋势往后推几十年，那时候的政府、大型企业，或许还有一些亿万富翁就可以负担得起他们各自的人工智能。这些人工智能将足够精巧，并且需要配备专员持续维护。

如果你也这么认为，那就需要考虑下列问题：

1. 谁可以问问题？可以问哪些问题？

对于个人所有的人工智能来说，这个问题可能不值得探讨，但是对于那些由科学家制造或是由政府采购的人工智能呢？可以保证每人每月都有一次提问机会吗？难度较大的问题是否必须提请议会批准？谁来负责？

2. 你怎么知道你是在和人工智能打交道？

　　一旦你开始依赖人工智能，就会立马面临这样的风险：人类可以将自己的观点伪装成人工智能的观点，进而推动议程。这个问题早在人工智能的智力足以为自己制定目标之前就会出现。假设政府运用人工智能为一个利润丰厚的建筑项目寻找最合适的承包商，那么你能确定当选公司的最大股东同时也是一位政府高官这件事情只是巧合而已吗？

3. 你如何判断人工智能是否擅长解答问题？

　　如果你只有少数几个人工智能，而且这些人工智能是为了完全不同的目的而训练的，你就有可能无法再现它们得出的任何结果。那你怎么才能确定可以相信它们？一个比较好的解决方法可能是，要求所有人工智能都有同一专业领域的知识，这样就可以比较它们的表现了。

4. 由于使用人工智能的机会有限，这会不可避免地加剧国家内部以及国家之间的不平等，你将如何避免出现这种现象？

　　让人工智能来回答难题可能会带来巨大的优势，但如果只凭借市场的力量，它可能会让富人更富，让穷人更穷。如果这是"不富裕"的人不想看到的结果——这当中当然包括我——那我们就应该考虑如何处理这个问题。

我个人认为，通用人工智能的到来几乎是完全可以预见的。它可能为人类文明带来巨大的收益，也有可能引发巨大的问题。思考到底要给这些智能机器编码什么样的道德规范固然很重要，但人工智能最直接的问题一定是来自我们的伦理，而不会是它们的。

预测不可预测性

本书的大部分篇幅都在讨论我们从物理学中学到的有关我们自身存在的东西。我希望你在这段旅程中感到愉快，但也许有时候你不可避免地会有这样的感受：这些内容非常有趣，但是对解决现实中的问题没什么帮助。因此，在本书接近尾声之际，我想花几页篇幅来谈谈理解不可预测性有可能在未来产生哪些实际后果。

我们回到天气预报的问题上来。我们不打算在这里解决第4个千禧年问题，所以为了论证的方便起见，我们不妨假设纳维-斯托克斯方程的解在有限时间之外确实有的时候是不可预测的。我之前已经解释过了，纳维-斯托克斯方程并不是基础的，而是从描述所有粒子的量子理论中涌现出来的。但是不管它基础与否，我们在充分理解其性质之后都可以合理地期望，通过求解这一方程可以达到什么目的。

例如，由于一条数学定理告诉我们天气预报无法得到改进，于是我们可能会得出这样的结论：投入大量资金来建设更多的气象测量站没有意义。但无论纳维-斯托克斯方程是否在根本上是正确的，这一投资建议的合理性都不会受到任何影响；其重要性只会在气象学家在实践中使用它的时候才能体现出来。

当然，这个例子过于简化了。实际上，预测的可行性取决于初始状态：有些天气状况的变化趋势很容易进行长期预测，有些则不然。我要再一次强调，理解什么是可预测的可不仅仅是无聊的数学推导。我们有必要知道什么是可以改进的，以及可以通过什么方式来改进。

让我们进一步探讨一下这个想法。假设我们非常擅长预报天气，甚至可以准确地计算出纳维-斯托克斯方程何时会出现不可预测的情况。这样一来，我们就能找出，如何适时小幅扰动气象系统，将天气切换成我们喜欢的样子。

科学家确实考虑过像这样干预天气，例如，防止热带气旋发展成飓风。他们对飓风的形成有足够的了解，从而想到了如何阻止其发展的想法。目前面临的主要问题是，天气预报还不足以准确地指出应该在何时何地实施干预。但是像预防飓风这种控制天气的想法并不是天方夜谭。如果计算能力可以继续提高，那么我们有可能在几十年内就能真正做到这一点。

混沌控制在其他系统中同样发挥着作用——例如核聚变装置中的等离子体。这种等离子体是由原子核以及脱离了它们的电子组成的粒子汤，温度超过1亿摄氏度。等离子体中有时会发展出不稳定性，从而对外面的安全壳造成严重破坏。因此，如果不稳定即将出现，那么聚变过程必须立刻中断。这是聚变反应堆难以高效运转的主要原因之一。

不过，如果我们能够预测到不可预测的情况何时会出现，那么等离子体不稳定性在理论上就是可以避免的；如果我们能够控制等离子体，那么就连导致其不稳定的情况都可以避免。换句话说，如果我们知道方程的解从什么时候开始变得不可预测，我们就可以利用这一点将这种状况扼杀在萌芽之中。

这不仅仅是纸上谈兵，最近有一项研究正是对此展开了调查。[18] 有个科研团队训练了一套人工智能系统，用以识别预示着等离子体不稳定性即将到来的数据模式。他们只用了公开发表的数据就成功做到了这一点。在超过 80% 的情况下，他们可以提前 1 秒钟正确识别出即将出现的不稳定性；如果把预警时间放宽到 30 毫秒，那么成功率几乎是 100%。

诚然，他们没能完成主动的风险控制，所谓的分析只是事后诸葛亮。然而，考虑到分析结果的准确性，也许未来主动控制将成为可能。最终，一座高效节能的聚变电站可能会是一个只需运用高级机器学习进行微调即可解决的问题。

类似的思路同样适用于表面上完全不同，但是与等离子体爆炸和天气预报有许多相似之处的系统，例如股票市场。今天，一大批金融分析师试图通过预测股票和金融工具的买卖来赚钱，这项任务甚至还包括预测其竞争对手的预测。但每隔一段时间，他们就会被打个措手不及。股市崩盘，卖家恐慌，每个人都在相互指责，而世界经济则陷入衰退。

但是想象一下，如果可以预知麻烦什么时候会找上门来，我们也许就能及早全身而退。

为了避免祸事缠身，我们不仅要掌握其不可预测性，还要认识到它的不可计算性。以经济系统为例，这是一种自组织、自适应的系统，其目标是优化资源分配。一些经济学家认为，这种优化在一定程度上是不可计算的。这显然不是好事，因为这意味着经济系统无法发挥作用。或者更确切地说，我们作为经济系统中的主体无法完成任务，因为交易没有取得预期的成果。

为了创造一个能够（在有限时间内）实现想要的优化的经济系统，我们发展出了可计算经济学这一研究方向。[19] 与不可预测性一样，将可计算经济学与不可能定理扯上关系的并不是证明某个问题（在这里指的是"如何实现资源的最优分配"）的解决方案从根本上是不可计算的（它有可能是也有可能不是），而是它对于我们目前掌握的手段来说是不可计算的。

然而在其他情况下，也许有时我们想要做的是触发而非避免不可预测性，因为随机性有时也会带来收益，比如可以防止计算机在搜索最优解的时候遇到困难。

你可以把计算机算法想象成一种当你把它扔到山里的时候总会向上爬的装置，地形代表某个问题可能的解法，高度则代表一些你想优化的量，比如预测的准确性。最后，计算机算法会坐在一座小山的山顶上（局部最优），但实际上你想找到的是最高的那座山（全局最优）（参见图 19）。添加随机噪声可以防止这种情况发生，因为这样算法就有机会能碰巧发现一个更优的解。因此，随机要素可以提高数学代码的效能，这可能与我们的直觉相违背。

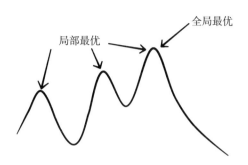

图 19　局部最优与全局最优

　　在计算机算法中，随机性可以通过生成（伪）随机数来实现，无须动用复杂的数学定理。但是在其他情况下，不可预测性也可能有助于优化的过程，比如小幅度的随机性有助于提高经济系统的效率。更有趣的是，不可预测性有可能是创造性的一个基本要素，因此人工智能在未来也可以利用这种特性。[20]

　　目前，人工智能已经比我们更善于从大量数据中寻找规律，这将给科学研究带来极大的改变。人类科学家寻找的是在环境变化下能够维持鲁棒性且易于推断的普遍规律，迄今为止的大多数科学研究都是这样进行的。现在，我们可以使用人工智能来寻找那些更难识别的规律，个体化医疗正是在这样的趋势下诞生的，我们很快就能看到更多像这样凭借人工智能而蓬勃发展的新兴领域。科学家将不再苦苦追寻普遍规律，而是将越来越多的精力放在研究对象所依赖的外部参数上——生态学、生物学，以及社会科学和心理学领域的科学研究已经迈向了这条道路，这里大有可为，潜力无限。

物理学家也应该注意到这一点，他们发现的普遍规律相对于目前尚未认识到的复杂性来说可能只是冰山一角。虽然我的同事们认为他们正在接近最后的答案，但我认为我们才刚刚触及问题的表面。

小结

人类行为在一定程度上是可预测的，但能否完全预测却仍然是个疑问。至少这将是极其困难的，而且短时间内无法达成。与其担心模拟人脑的问题，我们更应该关注谁才有资格向人造大脑提问。理解可预测性的极限不仅仅是数学上的兴趣，还和现实世界的应用有关。

结 语

这个世界的终极目的究竟是什么？

如果你读过我之前的那本《迷失》，你可能会注意到它和这本书有一个共同点：我认为基础物理学的研究人员没有对他们所做的事情进行充分的反思。在前一本书中，我批判他们使用了不科学的方法，并因此导致他们的研究陷入僵局。在这本书里，我还指出他们所从事的一些研究从一开始就不科学。例如，大多数有关早期宇宙的假设都只是一些复杂的现代创世神话，对于描述我们的观测结果来说不必要的。同样，试图找出自然常数之所以如此的原因，或是引入不可观测的平行宇宙也都没必要。这不是科学，而是打着数学的幌子、伪装成科学的宗教。

不要误会，事实上我对人们追求诸如此类的观念没什么意见。如果有人觉得它有价值，无论是出于什么原因，我都无所谓——每个人都有宗教信仰自由。但我希望科学家可以注意到他们各自学科的局限性，有时候我们在科学角度上能给出的唯一回答就是"我们不知道"。

　　因此在我看来，尽管我们在不断发现新的知识，但宗教和科学仍然会在很长一段时间内继续共存。这是因为科学本身存在局限性，而在科学的边界之外，我们会寻求其他的解释方式。我在前面的章节中提到，其中一些限制源自我们目前使用的特定数学方法（例如，它们需要特定的初始条件，或是非决定论的跳跃），而随着物理学的进一步发展，这些限制有可能会被克服。但是有些限制在我看来是不可逾越的。我最终的结论是，我们将不得不在缺少科学解释的情况下接受有关宇宙的一些事实，哪怕只是因为科学方法无法自证。我们可能会观察到科学方法是有效的，然后总结说继续使用这些方法对我们有益，但仍然不知道它们为什么有效。

　　我可不是为了友善才对宗教人士友善。首先，我并不是一个友善的人。但更重要的是，那些像史蒂芬·霍金一样声称"不可能存在造物主"的科学家，或者像维克多·斯腾格（Victor Stenger）一样声称上帝是一个"被证伪的假设"的科学家，他们的言论表明他们并不了解自己认知的局限性。每每看到有杰出的科学家发表如此自负的声明，我都会感到尴尬。

　　然而，尽管面临着诸多限制，但是我不得不说，我们已经取得了相当大的进步。我们是地球上第一个将进化掌握在自己手中的物种，我们不再被自然环境所选择，而是根据自己的需要来塑造环境——至于我们是否深谙此道那又是另一个问题了。当然，我们很难将地球的气候一直保持在舒适的宜居范围内，这引发了一种强烈的怀疑：我们的认知能力是否足以处理复杂系统或一部分处于混沌中的系统。也许是因为我们的大脑无法理解像气候这样多层面的非线性系统，也许，这意味着人类终将被一种更能利用科学知识来改造地球的物种所取代。时间会证明一切。

。　　。　　。

我不仅认同斯蒂芬·杰伊·古尔德（Stephen Jay Gould）的观点（他指出宗教和科学是两种"互不重叠的权威"），而且还要在此基础上更近一步——我认为科学家可以从有组织的宗教中学到一些东西。好坏暂且不论，至少数千年来宗教对世界上大部分人口都影响巨大。宗教对许多人都很重要，它能以科学做不到的方式影响人们。

其中一部分原因在于宗教存在的时间更久，但也要考虑到有太多人认为科学是冷冰冰的、技术统治的，并且给人以不近人情的理性的感觉。在大众的印象中，科学总是会限制我们的希望和梦想，让我们败兴而归。当然，科学的确会告诉你这样的事实：扇动手臂并不能让你飞起来。但是科学也有另一面：它让我们看到了以前无法想象，更无法理解的可能性。科学非但没有消除奇迹，反而能给我们带来更多的奇迹。它拓宽了我们的视野。

我能想到最好的比方是这样的。有时我会做清醒梦——这是一种人明知自己正在做梦的梦境。我有一些朋友曾尝试着触发清醒梦，但大多以失败告终。相比之下，我宁愿不会做这样的梦，但我又不能把它们拿出去兜售。我不喜欢清醒梦的主要原因是我经常在梦境结束后醒来，而这会让我的睡眠质量急剧下降。不仅如此，清醒梦往往还相当恐怖。

在正常的梦境中，你只会照常接收着眼前的信息，而在清醒梦中，我可以很清楚地分辨出自己所经历的事情并不是真的。如果我"看到"了一张脸，那么实际上我并没有看到这张脸。那更像是一张脸的念头，但当我试着去仔细观看的时候，它却不在那儿——它位于深植在我脑海之中的恐怖谷①的深处。建筑、物体和天空也都面临着同样的问题。我知道它们就在那儿，甚至有时候我还能移动它们或是改变它们的颜色，但是它们缺乏细节。它们只是真实事物的念头，而不是真实事物。这让我感觉到自己好像被困在一个年代久远的电子游戏中，四周的墙壁极其均匀，地平面无限薄，但是它们在角落处又无法完美拼合，而我卡在它们之间。脑海中是不是有画面了？如果我想的话，我还可以在梦境中飞翔，但下面也没什么风景可看。说实话，这挺无聊的。

我怀疑之所以会这样是因为我的大脑没有存储足够多的细节，所以无法逼真地投射出图像和体验。这并不让我感到惊讶，因为我不可能知道飞行的感受，也不可能知道粉红色的天空应该是什么样，更不用说我还是一个无可救药的脸盲。

我从中得到的教训就是，这个世界远比我们想象的要更加丰富多彩，我们需要现实来滋养我们的大脑。我认为这不仅适用

---

① 恐怖谷指人类在看到一个非人却与人类相似程度极高的物体时会感到极度恐惧的现象。——译者注

于感官体验，对思想来说也同样如此。我们从与自然的互动以及对宇宙的研究中获得这些——换言之，我们从科学中汲取养分。正如我的清醒梦只是清醒状态下的苍白记忆，要是没有科学，我们的思想也就只是我们对于已知事物的苍白记忆。

我不会像斯图尔特·布兰德（Stewart Brand）一样认为"科学发现是唯一的新闻"，那太过了，因为科学肯定不是唯一能从自然中汲取灵感的创造性学科。但是科学能用意想不到的转折来彻底改变我们对现实世界的看法，这就是为什么科学于我而言首先是一种灵感，而不是一种职业。它是一种理解世界的方式，能够引领我们发现真正新奇的事物。我衷心希望科学的这一面能得到更多的赞美。

科学家可以从宗教中了解到，并不是每次聚会都要以收获新知为目的。有时我们只是喜欢与志同道合的人相伴，互相分享一些有趣的见闻，或者只是期待一场传统的仪式。科学太缺少这种社会整合的过程了，这是我们可以改进，并且应当改进的方面。在公开的讲座上，我们除了分享知识以外，还应该为所有参与其中的人提供相互了解的机会。我们应该更多地讨论科学知识如何对非专业人士产生影响，而不是只邀请著名科学家来召开专题研讨会；我们应该更多地倾听在科学洞见的帮助下渡过难关的人分享感受并从中获取经验，而不是只让研究人员回答观众的提问。一片繁星点点的夜空，一本胚胎学的图书，一门心理学线上课程，一场神经生理学的讲座……这些都足以改变人的一生。我深知这一点，在读者来信中、在社交媒体上或是在讲座后的自由提问中，一直有人与我分享这样的故事。这样的故事应该有更多人知道。

。　。　。

科学家经常会被人要求通过实际应用来证明他们的研究是有意义的，这样的事情屡见不鲜。但是我们的研究往往是为了完全不同的目的——在很多时候，我们只是想要理解我们的存在究竟有何意义。每个科学家都有各自的理解方法，而我已经在这本书里通过举例向你展示了我的方法。

但你可能会问："这有什么意义呢？"如果宇宙只是一台机器，是一组代入了初始条件的微分方程，而我们只是冷漠的宇宙中稍微具备些许复杂性的波动，是暂时具有自我意识的粒子团，可能下一秒就会被熵增的洪流冲走，那么我们为什么还要花费时间去弄清楚我们的存在到底有多么微不足道呢？如果本身并没有什么目的，那么生命的意义何在？

我不打算为你解答这个疑问，倒不是因为我自己心中没有答案，而是因为我认为每个人都必须找到自己的答案。下面我可以给你讲讲我个人的看法。

我记得大概在 14 岁的时候，我曾经问过我的母亲："生命的意义是什么？"对于年少时期的我所提出的问题，她的反应比起讶异更多的是疲惫。她想了想，回答道，对她来说，生命的意义在于把知识传递给下一代。要知道，我的母亲是一位高中教师，不过现在她已经退休了。当时我觉得她的回答条理清晰，但并不是很有说服力——作为一名教师，她当然会觉得传授知识是最重要的事情！

30 年后，我也得出了和她一样的结论。哦，我的亲友们也时常会说我长得很像我的母亲。虽然我本来也打算成为一名教师，但最终我放弃了这一想法，原因很简单，我不想一遍又一遍地重复相同的话。然而今天，我给出的回答与我母亲非常相似。

在过去的 20 年里，我有幸能投身于科学研究。有赖于政府资助机构、私营机构以及个人捐赠者的资金支持，我得以研究自然的基本规律，并向你报告我所得出的结论。我在写作、讲座和视频账号等各个渠道得到的反馈生动地表明，很多人都和我关注着同样的问题，并且期盼着问题的答案。他们想要知道宇宙是如何运转的。

单从经济学的角度来看，我的研究之所以能够顺利进行，只是因为有足够多的人认为潜藏其中的见解值得投资。但这有些令人费解不是吗？了解我在这本书里列出的内容并不会给他们带来经济利益或者选择优势。有人可能会说，从广义上讲，了解自然有利于生存，书呆子很性感，或者人们总是喜欢把钱花在许多毫无意义的时尚方面。但我不认为这些回答能够解决疑问。基础研究并不仅仅是一种时尚，这是发达社会的一种制度化了的事业。我们研究宇宙并不仅仅是因为我们希望有一天能去其他星系旅行。即使我们真的这样希望，即使我们真的在朝这个方向努力，这也不能解释为什么我们要关心时间是否真实，或者为什么我们想要找出自然常数之所以如此的原因。

在我看来，我个人的经历证明，不单单是我，我们中的很多人都渴望了解宇宙——没有什么别的原因，就只是想要了解宇宙而已。无论个人还是整个社会，我们对知识的渴求无处不在。我们想要了解更多的知识，一定程度上是因为理解某些知识确实是有用的，但是我认为，主要的需求在于我们想要了解我们自己以及我们在这个世界上的位置。

也许，宇宙正在朝向一种了解自己的状态演化着，而我们是它探索征程的一部分。这种探索开始于自然选择偏向能对环境做出正确预测的物种，接下来是越来越了解自然的生物，现在则对我们（或多或少）有组织的科学事业青睐有加，无论这样的事业出自国内合作还是国际互助，无论是个人奋斗还是群策群力。

但是我们努力追求的理解是什么呢？理解某一事物意味着，我们能够在头脑中将真实事物简化，从而建立一个可行的模型；我们可以质疑这一模型，也可以用它来解释我们的观测结果。在物理学中，模型通常是高度数学化的，如果没有经过长时间的训练（不是每个人都有这样的经历），就不可能完全掌握它们的性质。可一旦我们掌握了数学工具，并且有人可以理解它，那我们就可以通过语言和视觉等方式进行交流。这本书是我自己做出的一点微小的工作，希望它可以帮助你掌握有关宇宙的一部分知识，在你的脑海中留下一些有关宇宙的语言和图像，而不是那种冗长的公式。就像我的母亲一样，我希望通过传递知识的方式，尽自己所能来帮助宇宙了解它自己。

　　所以，我们确实只是一堆原子，在一个非常不起眼的星系的外旋臂中的一个暗淡蓝点上步履蹒跚地艰难前行。但我们人类的伟大远不止于此。

致　谢

　　首先，我要感谢戴维·多伊奇、齐亚·梅拉利、蒂姆·帕尔默和罗杰·彭罗斯，如果没有和你们的访谈，这本书读起来将会味同嚼蜡。我还要感谢我的经纪人马克斯·布罗克曼，还有布罗克曼公司优秀的员工们，他们多年来一直支持着我。还有我的编辑保罗·斯洛瓦克和他在企鹅兰登书屋的团队，他们做了大量工作，只为把这本书送到各位读者的手中。

　　也非常感谢蒂莫西·高尔斯和马西莫·皮柳奇对本书部分内容提供的帮助，并感谢约翰·霍根、蒂姆·帕尔默、斯特凡·舍雷尔和雷娜特·魏内克审阅了本书早期的草稿。

　　为了完成这本书，我调用了十多年来回答博客上的访客评论和优兔频道观众提问所积累的经验。他们教会我把专业术语放在一边，帮助我认识到非专业人士在理解物理学家的观点时所遇到的困难。我非常感激他们的反馈。最重要的是，我的听众们不断地提醒着我，知识很重要，不管它是否有实际的工程应用。如果你是其中一员，请接受我诚挚的感谢。

这本《存在主义物理学》要献给我的丈夫斯特凡。我们的异地恋让他承担了太多他本不应遭受的痛苦。在我们相识的 20 多年里，他极有耐心地忍受了几十次我在职业道路和人生道路选择上的波折，而我们终究奇迹般地结婚了，并且一直维持着婚姻关系，还养大了两个还算正常的孩子。一直以来，斯特凡都坚定地鼓励和支持我。为了这一切以及许许多多远不止于此的琐事，谢谢你。

扎比内·霍森菲尔德

2021 年 7 月，于海德堡

术语表

暗能量（dark energy） 暗能量是一种假想的能量形式，可以加速宇宙膨胀。它最简单的形式是**宇宙学常数**。

暗物质（dark matter） 暗物质是一种假想的物质形式，约占宇宙中物质总量的 80%，或质能总量的 20%。有确凿的观测证据证明暗物质的存在，但我们还不知道它是由什么组成的（如果它是由某种东西组成的话）。注意与**暗能量**相区分。

暴胀（inflation） 假想中宇宙早期经历的一个加速膨胀的阶段，物理学家推测其是由一种叫作"暴胀子场"的场创造的。然而，无论是暴胀还是暴胀子场，目前都没有令人信服的证据。

初始条件/初始状态（initial condition / initial state） 初始条件指的是系统在某一特定时刻状态的完整信息，可以代入演化规律中。系统在初始条件下的状态称为初始状态。

定域，定域性（local, locality） 如果某个理论中的信息传递服从光速的限制，并且信息从一点到另一点必须经过所有划分这些点的封闭曲面，那么该理论就是定域的。我想提醒一句，物理学家对**定域性**有几种不同的定义，这只是其中之一，我们有时会将其特指为爱因斯坦定域性。如果你听说过**量子力学**是**非定域**的，那么这就是一个与上述定义所不同的定域概念。在这里使用的定义中，量子力学是定域的，**粒子物理标准模型**和**协调模型**也是定域的。

非定域（nonlocal） 在空间上彼此分离的两个系统之间可以即时交换信息的理论被称为非定域理论。目前已知的**基本**理论都不具备这种性质。它是**定域**的反义词。

非决定论的（non-deterministic） 在非决定论的理论中，系统的后期状态不能由**演化定律**从**初始状态**推导出来。它是**决定论**的反义词。一个非决定论的理论也不是**时间可逆**的，但一个决定论的理论也有可能不是时间可逆的。

广义相对论（general relativity） 爱因斯坦的引力理论，该理论认为引力是由时空弯曲引起的。广义相对论是**经典**的、**定域**的、**决定论**的。它目前是**基础**的，但由于它与**量子场论**不相容，学界普遍认为它是从一个尚未发现的更基础的理论中**涌现**出来的。

还原论（reductionism） 通过从更简单的理论中推导出已知的理论以寻求更好的解释。可以推导出来的理论被认为是可还原的，而用来推导别的理论的理论则被认为是更**基础**的。如果基本理论描述自然的尺度比可还原理论更小，我们通常称之为**本体还原论**；而在一般情况下，我们说到还原论时指的是**理论还原论**。理论还原论并不必然包含本体还原论，两者的发展从历史上看是齐头并进的。

基础/基本（fundamental） 如果一个规律、性质或对象不能从其他任何东西中推导出来，那么它就是基础/基本的。基础是**涌现**的反义词。

基础物理学（foundations of physics） 涉及**基本**定律的物理学研究领域。这些领域目前包括高能粒子物理学、量子引力、基础量子理论以及宇宙学和天体物理学的部分内容。

经典（classical） 经典理论指不具有量子特性的理论。

决定论，决定论的（determinism, deterministic） 如果我们可以根据任意给定的**初始条件**推导出系统未来所有时间的状态，那么这个理论就是决定论的。经典混沌是决定论的，广义相对论也是。它是**非决定论**的反义词。

粒子物理标准模型（standard model of particle physics） 标准模型描述了除了由广义相对论描述的引力之外，所有经实验证实的粒子和力的性质和行为。它是一种量子场论，因此既是**定域**的，也是**非决定论**的。我们目前认为标准模型是**基础**的。

量子场论（quantum field theory） **量子力学**的一个更复杂的版本，该理论认为粒子通过其他粒子进行相互作用。和量子力学一样，量子场论是**定域**的，但不是**决定论**的，也不是**时间可逆**的。

量子力学（quantum mechanics） 描述粒子（包括由名为光子的粒子所构成的光）行为的理论。量子力学是**定域**的，但不是**决定论**的，也不是**时间可逆**的。

人择原理（anthropic principle） 人择原理指出，宇宙必须是这副模样，因为只有这样人类才能存在。弱人择原理只是认为这是自然法则必须满足的约束，否则它们就会与证据相冲突。强人择原理还假定，人类的存在解释了为什么自然规律是我们所看到的样子。

时间可逆，时间可逆性（time-reversible，time-reversibility） 如果某个**演化规律**可以将一个**初始状态**映射到其他任意时间的状态，则该规律是时间可逆的。在这种情况下，我们可以在时间上向前和向后运用演化规律。**广义相对论**在没有奇点的情况下是**时间可逆**的。除了测量过程以外的**量子场论**是时间可逆的。时间可逆的理论同时也是**决定论**的，但决定论的理论不一定是时间可逆的。

协调模型（concordance model）　在大尺度上对宇宙的描述。它包含所有已知的**经典**近似下的物质，并在此基础上增加了**暗物质**和**暗能量**。该模型使用了**广义相对论**的数学框架。协调模型既是**决定论**的，又是**定域性**的。协调模型也被称为ΛCDM（其中Λ是**宇宙学常数**，CDM代表"冷暗物质"）。

演化规律（evolution law）　演化规律适用于系统的**初始状态**，并且可以让我们计算出系统在未来任意时间的状态。如果演化定律是**时间可逆**的，我们也可以用它来计算先前任意时间的状态。目前已知的**基础物理学**中的演化规律都是微分方程。

涌现（emergent）　如果一个对象、性质或规律不能在其组分及其行为的层面上找到或定义，那么它就是涌现的。如果涌现的对象、性质或规律可以从其组分的行为和性质中推导出来，那么它就是弱涌现的。如果不能如此推导出来，那么它就是强涌现的。我们目前还没有在自然中找到强涌现的例子。

有效模型（effective model）　有效模型指的是在目标分辨率水平上对系统的近似描述。所有有效模型都是涌现的，但也不仅仅是涌现的。有效模型会消除与当前目标无关的信息。

宇宙学常数（cosmological constant）　一个自然常数，表示为Λ（希腊字母λ的大写，读作"拉姆达"），它决定了宇宙膨胀的加速度。宇宙学常数是最简单的**暗能量**形式，大约占宇宙物质总能量的75%。

注　释

前言

1. Carl Sagan, *The Demon-Haunted World: Science as a Candle in the Dark* (New York: Ballantine Books, 1997), 12.

2. Nicholas Kristof, "Professors, We Need You!," *New York Times*, Feb. 14, 2014.

第 1 章

1. 加速度是速度的变化量。加速度和速度都是矢量，这意味着它们都有方向。因此，即使速度的大小（速率）保持不变，速度方向的改变也一样是加速度。

2. 关于狭义相对论，Chad Orzel 的 *How to Teach Relativity to*

Your Dog (New York: Basic Books, 2012)写得深入浅出。如果你想了解其蕴含的数学原理，那么Leonard Susskind和Art Friedman写的 *Special Relativity and Classical Field Theory: The Theoretical Minimum* (New York: Basic Books, 2017)将会是一个很好的选择。

3. 我得说明一下，我并不是在试图告诉你某一事物的存在意味着什么，那是个相当棘手的问题。根据狭义相对论，我在文中提到的观点是关于什么东西以相同的方式存在的一种陈述。你大可以绕过这个结论，争辩说，没有任何东西不存在于你所在的地方，所以光不需要通过传播就能让你看到它。不过我们抛开这些不谈，严格来说，正文中的陈述意味着只有你的大脑中才有东西存在，而我们大多数人所说的"存在"一词都不是这个意思。

4. John Lloyd于2012年7月16日在BBC广播4频道进行的演讲 "The Infinite Money Cage: Parallel Universes"。

5. 至少也是在量子力学仍然被认为是决定论的时候。牛顿力学在一些微妙的情况下是非决定论的，而拉普拉斯对此并不知情。

6. Pierre-Simon Laplace, *Essai philosophique sur les probabilités* (Paris: Courcier, 1814; Paris: Forgotten Books, 2018 再版). 译者为 Frederick Wilson Truscott 和 Frederick Lincoln Emory (New York: Wiley, 1902).

7. Richard Feynman, "Messenger Lectures at Cornell: The Character of Physical Law, Part 6: Probability and Uncertainty"

(1964). 你可以在YouTube上面找到这段视频，链接是youtube. com/watch?v=Ja0HSFj8Imc，这句话位于演讲的第八分钟。

8. Sean Carroll, "Even Physicists Don't Understand Quantum Mechanics," *New York Times*, Sept. 7, 2019。

9. Adam Becker, *What Is Real? The Unfinished Quest for the Meaning of Quantum Physics* (New York: Basic Books, 2018); Philip Ball, *Beyond Weird: Why Everything You Thought You Knew about Quantum Physics Is Different* (Chicago: University of Chicago Press, 2018); 以及Jim Baggott, *Quantum Reality: The Quest for the Real Meaning of Quantum Mechanics—a Game of Theories* (New York: Oxford University Press, 2020).

10. Eugene Wigner, "The Unreasonable Effectiveness of Mathematics in the Natural Sciences," *Communications on Pure and Applied Mathematics* 13 (1960): 1–14.

第2章

1. 我还想到了一些其他的例子，参见Debika Chowdhury, Jérôme Martin, Christophe Ringeval, and Vincent Vennin, "Assessing the Scientific Status of Inflation after Planck," *Physical Review D* 100, no. 8 (Oct. 24, 2019): 083537, arXiv:1902.03951 [astro-ph.CO].

2. 量化研究当然不止这一种，而是多种多样，令人眼花缭乱。这一研究领域被称为几何形态计量学（morphometrics），如果你想了解更多相关的信息，不妨去维基百科搜搜看。

3. Anna Ijjas and Paul J. Steinhardt, "Implications of Planck 2015 for Inflationary, Ekpyrotic and Anamorphic Bouncing Cosmologies," *Classical and Quantum Gravity* 33 (2016): 044001, arXiv:1512.09010 [astro-ph.CO].

4. Lawrence Krauss, *A Universe from Nothing: Why There Is Something Rather than Nothing* (New York: Free Press, 2012).

5. Niayesh Afshordi, Daniel J. H. Chung, and Ghazal Geshnizjani, "Cuscuton: A Causal Field Theory with an Infinite Speed of Sound," *Physical Review D* 75 (2007): 083513, arXiv:hep-th/0609150.

6. Ghazal Geshnizjani, William H. Kinney, and Azadeh Moradinezhad Dizgah, "General Conditions for Scale-Invariant Perturbations in an Expanding Universe," *Journal of Cosmology and Astroparticle Physics* 11 (2011): 049.

7. Tomasz Konopka, Fotini Markopoulou, and Simone Severini, "Quantum Graphity: A Model of Emergent Locality," *Physical Review D* 77 (2008): 104029, arXiv:0801.0861 [hep-th].

8. David Hume, *A Treatise of Human Nature*, ed. Lewis Amherst Selby-Bigge (Oxford, UK: Clarendon Press, 1896).

9. Bertrand Russell, *The Problems of Philosophy* (New York: Barnes & Noble, 1912).

10. "Wikipedia:Getting to Philosophy," 维 基 媒 体 基 金 会 （Wikimedia Foundation）最后更新于 2021 年 12 月 29 日。链接：en.wikipedia.org/wiki/Wikipedia:Getting_to_Philosophy.

其他意见（1）

1. Liam Fox, "Bananas-for-Sex Cult Leader on the Run," abc. net.au, Sept. 15, 2009.

2. Meredith Bennett-Smith, "Lawrence Krauss, Physicist, Claims Teaching Creationism Is Child Abuse and 'Like the Taliban,'" *HuffPost*, Feb. 14, 2013.

3. Stephen Hawking, *A Brief History of Time* (New York: Bantam Books, 1988).

第 3 章

1. 事实上，先前研究热力学的物理学家早就已经讨论过，宇宙需要一个低熵的初始条件来再现我们的观测结果，但"初始条件假说"这个术语是David Albert在 *Time and Chance* (Cambridge, MA: Harvard University Press, 2000) 一书中创造的。

2. Roger Penrose, *Cycles of Time: An Extraordinary New View of the Universe* (London: Bodley Head, 2010).

3. Sean Carroll, *From Eternity to Here: The Quest for the*

Ultimate Theory of Time (New York: Penguin, 2010).

4. Julian Barbour, *The Janus Point: A New Theory of Time* (London: Bodley Head, 2020).

5. 关于欧拉–马歇罗尼常数，你可以在Julian Havil的 *Gamma: Exploring Euler's Constant* (Princeton University Press, 2003)中获取更多信息。

6. David Bohm, *Wholeness and the Implicate Order* (Abingdon, UK: Routledge, 1980). 我不认为博姆自己是这样理解隐序和显序的。然而，我相信我用这些概念从隐藏的差异中区分出容易识别的东西这一做法与他的想法很接近。

7. Isaac Asimov, "The Last Question," *The Best of Isaac Asimov* (Garden City, NY: Doubleday, 1974).

8. Rudolf Carnap, "Intellectual Autobiography," in Paul Arthur Schilpp, ed., *The Philosophy of Rudolf Carnap* (Chicago: Open Court, 1963).

9. Fay Dowker, "Causal Sets and the Deep Structure of Spacetime," in Abhay Ashtekar, ed., *100 Years of Relativity—Space-time Structure: Einstein and Beyond* (Singapore: World Scientific, 2005), arXiv:gr-qc/0508109.

10. N. David Mermin, "Physics: QBism Puts the Scientist Back into Science," *Nature* 507 (2014): 421–23.

11. Lee Smolin, "The Unique Universe," *Physics World*, June 2, 2009, physicsworld.com/a/the-unique-universe.

12. 这是我几年前写的一首歌的歌词，链接：youtube.com/watch?v=I_0laAhvHKE。

13. G. M. Wang et al., "Experimental Demonstration of Violations of the Second Law of Thermodynamics for Small Systems and Short Time Scales," *Physical Review Letters* 89, no. 5 (Aug. 2002): 050601.

14. 引自Lisa Grossman, "Quantum Twist Could Kill Off the Multiverse," *New Scientist*, May 14, 2014.

15. Sean M. Carroll, "Why Boltzmann Brains Are Bad," in Shamik Dasgupta, Ravit Dotan, and Brad Weslake, eds., *Current Controversies in Philosophy of Science* (London: Routledge, 2020), arXiv:1702.00850 [hep-th].

16. 托马斯·库恩（Thomas Kuhn）在他的著作 *The Structure of Scientific Revolutions* (Chicago: University of Chicago Press, 1962)中使用了同样的例子来说明范式的转移，但是我所想表达的观点与他不同。

第 4 章

1. 很长一段时间以来，天体物理学家都认为最重的元素是在超新星爆发中产生的，但根据最新的研究成果，更好的假设是，重元素是在中子星合并中产生的。参见Darach Watson et al., "Identification of Strontium in the Merger of Two Neutron Stars,"

Nature 574 (Oct. 2019): 497–500.

2. Fred Adams and Greg Laughlin, *The Five Ages of the Universe* (New York: Free Press, 1999).

3. David Wisniewski, Robert Deutschländer, and John-Dylan Haynes, "Free Will Beliefs Are Better Predicted by Dualism Than Determinism Beliefs across Different Cultures," *PLOS ONE* 14, no. 9 (Sept. 11, 2019): e0221617.

4. Philip W. Anderson, "More Is Different," *Science* 177, no. 4047 (Aug. 4, 1972): 393–96.

5. 更详细的描述参见 C. P. Burgess, "Introduction to Effective Field Theory," *Annual Review of Nuclear and Particle Science* 57 (2007): 329–62, arXiv:hep-th/0701053.

6. 人们还向我提出了其他一些类似的反例——例如，像边界值或是拓扑约束这样的全局条件。但这些都可以用微观的术语来定义。正如我再三强调的，如果你想证明还原论是失败的，那就必须找到一个不能从微观物理学中推导出来的例子。我在由 Anthony Aguirre, Brendan Foster, and Zeeya Merali 等人编纂的 *What Is Fundamental?* (New York: Springer, 2019), 85–94. 所收录的 "The Case for Strong Emergence" 一文中对此进行了更加细致的讨论。

7. Kirsty L. Spalding et al., "Retrospective Birth Dating of Cells in Humans," *Cell* 122, no. 1 (Aug. 2005): 133–43.

8. Zenon W. Pylyshyn, "Computation and Cognition: Issues

in the Foundations of Cognitive Science," *Behavioral and Brain Sciences* 3, no. 1 (Mar. 1980): 111–69.

9. Gerard 't Hooft, *The Cellular Automaton Interpretation of Quantum Mechanics* (New York: Springer, 2016).

其他意见（2）

1. David Deutsch, *The Fabric of Reality: The Science of Parallel Universes—and Its Implications* (New York: Viking, 1997) and *The Beginning of Infinity: Explanations That Transform the World* (New York: Penguin, 2011).

2. 有关图灵可计算性更详细的介绍，参见 David Deutsch, "Quantum theory, the Church-Turing principle and the universal quantum computer," The Royal Society. A40097–117 (1985).

3. Jaegwon Kim, "Making Sense of Emergence," *Philosophical Studies* 95, no. 1–2 (Aug. 1999): 3–36；以及 "Emergence: Core Ideas and Issues," *Synthese* 151, no. 3 (Aug. 2006): 547–59.

第 5 章

1. 上述两个例子参见 Anil Ananthaswamy, "Spin-Swapping Particles Could Be 'Quantum Cheshire Cats,'" *Scientific American*, May 6, 2019 以及 George Musser, "Quantum Paradox Points to Shaky

Foundations of Reality," *Science*, Aug. 17, 2020.

2. Philip Ball, *Beyond Weird: Why Everything You Thought You Knew about Quantum Physics Is Different* (Chicago: University of Chicago Press, 2018).

3. Albert Einstein, letter to Max Born on March 3, 1947, in *Albert Einstein Max Born Briefwechsel 1916–1955* (Munich: Nymphenburger Verlangshandlung, 1991).

4. 我们称之为"无信号定理"（non-signaling theorem）或"不可通信定理"（no-communication theorem），大多数教科书以及维基百科上都有关于这一定理的介绍。关于这一定理的研究可以追溯到Giancarlo Ghirardi, Alberto Rimini, and Tullio Weber, "A General Argument against Superluminal Transmission through the Quantum Mechanical Measurement Process," *Lettere al Nuovo Cimento* 27, no. 10 (1980): 293–98.

5. Sabine Hossenfelder and Tim Palmer, "How to Make Sense of Quantum Physics," *Nautilus*, Mar. 12, 2020；以及"Rethinking Superdeterminism," *Frontiers in Physics* 8 (May 6, 2020): 139, arXiv:1912.06462.

6. apps.apple.com/us/app/universe-splitter/id329233299.

7. Dave Levitan, "Carson rewrites laws of thermodynamics," *Philadelphia Inquirer*, Sept. 25, 2015, 链接：inquirer.com/philly/news/politics/factcheck/SciCheck_Carson_rewrites_laws_of_thermodynamics.html.

8. "Ben Carson in 2012 speech: The Big Bang Is a Fairytale",链接：youtube.com/watch?v=DJo7R0OfC5M.

9. Lawrence Krauss 在 Lawrence Krauss, "Ben Carson's Scientific Ignorance," *New Yorker*, Sept. 28, 2015. 中评价了卡森的演讲，并指出了其中出现的错误。

10. Nick Bostrom, "Are You Living in a Computer Simulation?" *Philosophical Quarterly* 53, no. 211 (Apr. 2003): 243–55.

11. Elon Musk, in "Joe Rogan & Elon Musk—Are We in a Simulated Reality?," Sept. 7, 2018，链接：youtube.com/watch?v=0cM690CKArQ.

12. Corey S. Powell, "Elon Musk Says We May Live in a Simulation. Here's How We Might Tell If He's Right," NBC News, Oct. 2, 2018.

13. Zohar Ringel and Dmitri L. Kovrizhin, "Quantized Gravitational Responses, the Sign Problem, and Quantum Complexity," *Science Advances* 3, no. 9 (Sept. 2017): e1701758.

14. Silas R. Beane, Zohreh Davoudi, and Martin J. Savage, "Constraints on the Universe as a Numerical Simulation," *European Physical Journal A* 50, no. 9 (Oct. 2012): 148.

第 6 章

1. Jorge Luis Borges, *The Garden of Forking Paths* (New York:

Penguin, 2018); original: "El jardín de senderos que se bifurcan," (Buenos Aires: Sur, 1941).

2. Ludwig Wittgenstein, *Logisch-philosophische Abhandlung [Tractatus Logico-Philosophicus]* (London: Kegan Paul, 1922).

3. philpapers.org/surveys.

4. Immanuel Kant, *The Critique of Practical Reason*, ed. Mary J. Gregor (New York: Cambridge University Press, 1997); William James, "The Dilemma of Determinism," *Unitarian Review*, Sept. 1884, in *The Will to Believe* (New York: Dover, 1956); 以及 Wallace I. Matson, "On the Irrelevance of Free-Will to Moral Responsibility, and the Vacuity of the Latter," *Mind* 65, no. 260 (Oct. 1956): 489–97.

5. John Martin Fischer et al., *Four Views on Free Will* (Hoboken, NJ: Wiley-Blackwell, 2007).

6. Jenann Ismael, *How Physics Makes Us Free* (New York: Oxford University Press, 2016).

7. Philip Ball, "Why Free Will Is beyond Physics," *Physics World*, Jan. 2021.

8. Sean Carroll, "Free Will Is as Real as a Baseball," *Discover*, July 13, 2011.

9. Ivar R. Hannikainen et al., "For Whom Does Determinism Undermine Moral Responsibility? Surveying the Conditions for Free Will across Cultures," *Frontiers in Psychology* 10 (Nov. 5, 2019): 2428.

10. John F. Donoghue, "When Effective Field Theories Fail," *Proceedings of Science, International Workshop on Effective Field Theories* 09, 001 (Feb. 2–6, 2009), arXiv:0909.0021 [hep-ph].

11. Mile Gu et al., "More Really Is Different," *Physica D: Nonlinear Phenomena* 238, no. 9–10 (May 2009): 835–39, arXiv:0809.0151 [cond-mat.other]；以及 Toby S. Cubitt, David Perez-Garcia, and Michael M. Wolf, "Undecidability of the Spectral Gap," *Nature* 528, no. 7581 (Dec. 2015): 207–11.

12. 我在由 Anthony Aguirre, Brendan Foster, and Zeeya Merali 等人编纂的 *What Is Fundamental?* (New York: Springer, 2019), 85–94. 所收录的"The Case for Strong Emergence"一文中对此进行了更加细致的讨论。

13. Rachel Louise Snyder, "Punch after Punch, Rape after Rape, a Murderer Was Made," *New York Times*, Dec. 18, 2020.

14. Azim F. Shariff and Kathleen D. Vohs, "What Happens to a Society That Does Not Believe in Free Will?," *Scientific American*, June 1, 2014.

15. Emilie A. Caspar et al., "The Influence of (Dis)belief in Free Will on Immoral Behavior," *Frontiers in Psychology* 8, article 20 (Jan. 17, 2017).

16. Francis Crick, *The Astonishing Hypothesis: The Scientific Search for the Soul* (New York: Scribner, 1995).

其他意见（3）

1. Stuart Hameroff, "How Quantum Brain Biology Can Rescue Conscious Free Will," *Frontiers in Integrative Neuroscience* 6 (Oct. 2012): 93.

2. Stuart Hameroff and Roger Penrose, "Consciousness in the Universe: A Review of the 'Orch OR' Theory," *Physics of Life Reviews* 11, no. 1 (Mar. 2014): 39–78.

3. Max Tegmark, "Importance of Quantum Decoherence in Brain Processes," *Physical Review E* 61, no. 4 (May 2000): 4194–206, arXiv:quant-ph/9907009.

4. Stuart Hameroff and Roger Penrose, "Reply to Seven Commentaries on 'Consciousness in the Universe: Review of the "Orch OR" Theory,'" *Physics of Life Reviews* 11, no. 1 (Dec. 2013): 94–100.

第 7 章

1. John Baez, "How Many Fundamental Constants Are There?," University of California–Riverside, College of Natural and Agricultural Sciences, Department of Mathematics, Apr. 22, 2011, 链接：math.ucr.edu/home/baez/constants.html.

2. 粒子物理学家在要求建造下一个更大的粒子对撞机时

使用了类似的论证。在这种情况下，他们认为需要解释为什么希格斯玻色子的质量恰好是这个样子。这被称为自然性论证（argument from naturalness）。我在 *Lost in Math: How Beauty Leads Physics Astray* (New York: Basic Books, 2018)一书当中详细解释了这一点。

3. Luke A. Barnes et al., "Galaxy Formation Efficiency and the Multiverse Explanation of the Cosmological Constant with EAGLE Simulations," *Monthly Notices of the Royal Astronomical Society* 477, no. 3 (Jan. 2018).

4. 他们在论文中实际采用的术语是"度量"（measure）。度量通常可以为抽象空间赋予权重——例如，所有可能的常数组合而成的空间。就我们讨论的目的而言，它的含义与概率分布是一样的。

5. Geraint F. Lewis and Luke A. Barnes, *A Fortunate Universe: Life in a Finely Tuned Cosmos* (Cambridge, UK: Cambridge University Press, 2016).

6. 严格来说，"任意"这个词是不准确的，因为无限范围的概率分布无法归一化为1。因此，严格的说法应该是"自然常数可以取分布在许多数量级上的值"。不过这无关紧要，重点在于，任何先验都不可能得到合理的解释。

7. Dan Kopf, "The Most Important Formula in Data Science Was First Used to Prove the Existence of God," *Quartz*, June 30, 2018.

8. 深入讨论这个问题可能会让我们误入歧途，但所有这些可能的相互作用都可以用图来表示，我们通常称之为费曼图，详见 Gavin Hesketh, *The Particle Zoo: The Search for the Fundamental Nature of Reality* (London: Quercus, 2016).

9. 有人可能会对 26 这个数字吹毛求疵，因为它不包括一些可能存在但只是因为对观测结果没有太大影响就被我们设为 0 的常数。例如，被称为胶子的基本粒子，其质量通常被设为 0，因为我们没有实验证据表明这是错的。但是我们也可以把这些质量作为自由变量。严格来说，有无限个可能的常数可以设为 0。换句话说，常数很难从它们出现的方程中区分出来。可惜，对于我们当前的理论是否以及如何进一步简化的问题，这些都是相当细枝末节的东西。

10. 有些关于自然常数的参考文献与我们自己所掌握的完全不同，但却推导出了复杂的化学过程: Roni Harnik, Graham D. Kribs, and Gilad Perez, "A Universe without Weak Interactions," *Physical Review D* 74 (Aug. 17, 2006): 035006, arXiv:hep-ph/0604027; Fred C. Adams and Evan Grohs, "Stellar Helium Burning in Other Universes: A Solution to the Triple Alpha Fine-Tuning Problem," *Astroparticle Physics* 87 (Aug. 2016), arXiv:1608.04690 (astro-ph.CO); Abraham Loeb, "The Habitable Epoch of the Early Universe," *International Journal of Astrobiology* 13, no. 4 (Dec. 2013): 337–39, arXiv:1312.0613 (astro-ph.CO); and Don N. Page, "Preliminary Inconclusive Hint of Evidence against

Optimal Fine Tuning of the Cosmological Constant for Maximizing the Fraction of Baryons Becoming Life" (Jan. 2011), arXiv:1101.2444 [hep-th].

11. Lee Smolin, *The Life of the Cosmos* (New York: Oxford University Press, 1998).

第 8 章

1. Tod R. Lauer et al., "New Horizons Observations of the Cosmic Optical Background," *Astrophysical Journal* 906, no. 2 (Jan. 2021): 77, arXiv:2011.03052 [astro-ph.GA].

2. Franco Vazza and Alberto Feletti, "The Quantitative Comparison between the Neuronal Network and the Cosmic Web," *Frontiers in Physics* 8 (2020): 525731.

3. Albert Einstein, letter to Max Born on March 3, 1947, in *Albert Einstein Max Born Briefwechsel 1916–1955* (Munich: Nymphenburger Verlangshandlung, 1991).

4. 详见 George Musser, *Spooky Action at a Distance* (New York: Scientific American/Farrar, Straus and Giroux, 2015).

5. Friedrich W. Hehl and Bahram Mashhoon, "Nonlocal Gravity Simulates Dark Matter," *Physics Letters B* 673, no. 4–5 (Jan. 2009): 279–82, arXiv:0812.1059 [gr-qc].

6. Fotini Markopoulou and Lee Smolin, "Disordered Locality in

Loop Quantum Gravity States," *Classical and Quantum Gravity* 24, no. 15 (Mar. 2007): 3813–24, arXiv:gr-qc/0702044 [gr-qc].

7. John Horgan, "Polymath Stephen Wolfram Defends His Computational Theory of Everything," *Scientific American, Cross-Check* blog, Mar. 5, 2017.

8. John Archibald Wheeler, *Relativity, Groups and Topology: Lectures Delivered at Les Houches During the 1963 Session of the Summer School of Theoretical Physics*, eds. Bryce DeWitt and Cécile DeWitt-Morette (New York: Gordon and Breach, 1964), 408–31.

9. Deepak Chopra, "The Mystery That Makes Life Possible," Deepak Chopra.com, Oct. 24, 2020；Philip Goff, "Panpsychism Is Crazy, but It's Also Most Probably True," *Aeon*, Mar. 1, 2017；以及 Christof Koch, "Is Consciousness Universal?" *Scientific American Mind*, Jan. 1, 2014.

10. 自由意志定理（John Conway and Simon Kochen, "The Free Will Theorem," *Foundations of Physics* 36, no. 10 [Jan. 2006]: 1441–73, arXiv:quant-ph/0604079）在这里毫无用处。这仅仅是另一个定理中的一条假设，有些人会误导性地称之为"自由意志假设"（free will assumption）。即使事实并非如此，该定理所说的也只是（在某些假设条件下），如果人类有自由意志，那么基本粒子也有自由意志。如果这个定理真的是关于自由意志的，那么由此显然可以得出结论——人类没有自由意志。

11. Giulio Tononi, "An Information Integration Theory of Consciousness," BioMed Central, *BMC Neuroscience* 5, no. 1 (Nov. 2004): 42.

12. Carl Zimmer, "Sizing Up Consciousness by Its Bits," *New York Times*, Sept. 20, 2010.

13. 引自Michael Brooks, "Here. There. Everywhere?" *New Scientist* 246, no. 3280 (May 2, 2020): 40–44. 不幸的是，截至我写下这段文字为止，还没有人找到博尔所提到的这种作用。

14. Scott Aaronson, "Why I Am Not an Integrated Information Theorist (or, the Unconscious Expander)," *Shtetl-Optimized* blog, May 21, 2014，链接：scottaaronson.com/blog/?m=201405.

15. Jose L. Perez Velazquez, Diego M. Mateos, and Ramon Guevara Erra, "On a Simple General Principle of Brain Organization," *Frontiers in Neuroscience* 13 (Oct. 15, 2019): 1106；以及Sophia Magnúsdóttir, "I Think, Therefore I Think You Think I Am," in Anthony Aguirre, Brendan Foster, and Zeeya Merali, eds., *Wandering Towards a Goal: The Frontiers Collection* (New York: Springer, 2018).

16. Frank Jackson, "Epiphenomenal Qualia," *Philosophical Quarterly* 32, no. 127 (Apr. 1982): 127–36.

17. Frank Jackson, "Postscript on Qualia," *Mind, Method, and Conditionals: Selected Essays* (London: Routledge, 1998), 76–79.

其他意见（4）

1. Zeeya Merali, *A Big Bang in a Little Room: The Quest to Create New Universes* (New York: Basic Books, 2017). 齐亚花了很多时间和其他人谈论这个话题，她后来写了一篇关于它的综述：Stefano Ansoldi, Zeeya Merali, and Eduardo I. Guendelman, "From Black Holes to Baby Universes: Exploring the Possibility of Creating a Cosmos in the Laboratory," *Bulgarian Journal of Physics* 45, no. 2 (Jan. 2018): 203–20, arXiv:1801.04539 [gr-qc].

第 9 章

1. Chaoming Song et al., "Limits of Predictability in Human Mobility," *Science* 327, no. 5968 (Feb. 2010): 1018–21.

2. Michael Scriven, "An Essential Unpredictability in Human Behaviour," in Benjamin B. Wolman and Ernest Nagel, eds., *Scientific Psychology: Principles and Approaches* (New York: Basic Books, 1965), 411–25.

3. Hao Wang, "Proving Theorems by Pattern Recognition—II," *Bell System Technical Journal* 40, no. 1 (Jan. 1961): 1–41.

4. Robert Berger, "The Undecidability of the Domino Problem," *Memoirs of the American Mathematical Society* 66 (Providence, RI: American Mathematical Society, 1966).

5. Alan Turing, "On Computable Numbers, with an Application to the Entscheidungsproblem," *Proceedings of the London Mathematical Society*, series 2, no. 42 (1937): 230–65.

6. Lawrence C. Paulson, "A Mechanised Proof of Gödel's Incompleteness Theorems Using Nominal Isabelle," *Journal of Automated Reasoning* 55, no. 1 (June 2015): 1–37.

7. 参见《斯坦福哲学百科全书》（*Stanford Encyclopedia of Philosophy*）中的"哥德尔不完备性定理"（Gödel's Incompleteness Theorem）条目，链接：plato.stanford.edu/entries/goedel-incompleteness.

8. Tim N. Palmer, Andreas Döring, and Gregory Seregin, "The Real Butterfly Effect," *Nonlinearity* 27, no. 9 (Aug. 2014): R123.

9. John M. Ball, "Finite Time Blow-up in Nonlinear Problems," in *Nonlinear Evolution Equations: Proceedings of a Symposium Conducted by the Mathematics Research Center, the University of Wisconsin–Madison, October 17–19, 1977*, Michael G. Crandall, ed. (Cambridge, MA: Academic Press, 1978), 189–205.

10. 量子理论的波函数是线性的，而混沌需要非线性理论。拉格朗日量（Lagrangian）通常是在场算符中的非线性函数，但是它们必须针对特定的波函数进行求值。量子混沌领域中所定义的混沌与其他领域中的都不一样。

11. Clay Mathematics Institute, "Millennium Problems"，链接：

claymath.org/millennium-problems.

12. 引自 Samuel Gibbs, "Elon Musk: Artificial Intelligence Is Our Biggest Existential Threat," *Guardian*, Oct. 27, 2014.

13. 引自 Arjun Kharpal, "Stephen Hawking Says A.I. Could Be 'Worst Event in the History of Our Civilization,' " CNBC, Nov. 6, 2017.

14. 引自 Peter Holley, "Apple Co-founder on Artificial Intelligence: 'The Future Is Scary and Very Bad for People,' " *Washington Post*, Mar. 24, 2015.

15. 引自 Peter Holley, "Bill Gates on Dangers of Artificial Intelligence: 'I Don't Understand Why Some People Are Not Concerned,' " *Washington Post*, Jan. 29, 2015.

16. Stuart Russell, Daniel Dewey, and Max Tegmark, "Research Priorities for Robust and Beneficial Artificial Intelligence," *AI Magazine* (Winter 2015): 105–14, Association for the Advancement of Artificial Intelligence at Future of Life Institute, 链接: futureoflife.org/data/documents/research_priorities.pdf?x40372.

17. Carlos E. Perez, "Embodied Learning Is Essential to Artificial Intelligence," Intuition Machine, Medium.com, Dec. 12, 2017.

18. Julian Kates-Harbeck, Alexei Svyatkovskiy, and William Tang, "Predicting Disruptive Instabilities in Controlled Fusion Plasmas Through Deep Learning," *Nature* 568, no. 7753 (Apr. 2019):

526–31.

19. K. Vela Velupillai, "Towards an Algorithmic Revolution in Economic Theory," *Journal of Economic Surveys* 25, no. 3 (July 2011): 401–30.

20. Tim N. Palmer, "Human Creativity and Consciousness: Unintended Consequences of the Brain's Extraordinary Energy Efficiency?" *Entropy* 22, no. 3 (Feb. 2020): 281, arXiv:2002.03738 [q-bio.NC].

结语

1. Stephen J. Gould, "Nonoverlapping Magisteria," *Natural History* 106 (Mar. 1997): 16–22, 60–62.